华东师范大学第二附属中学·校本教材

情绪密码

刘希蕾◎编著

华东师范大学出版社

前　言

亲爱的同学：

　　你好！

　　经过初中升高中的历练，开启高中生活的"摸爬滚打"，你对高中的学习生活是否适应？对于从初中升到高中这一重要的转折是否有了自己一些独到的认识？面对高中阶段身心成长的"暴风骤雨"，你在学习适应、自我认识、人际关系等方面遇到了哪些挑战，遭遇了哪些挫败，又做了哪些准备，期待怎样的成长？

　　在从青少年向成年过渡的青春期中后阶段，你的情绪情感会获得极大的丰富和发展，你将体会到以前可能从未有过的复杂多变的情绪感受和情绪起伏，你的情绪状态还将直接或间接地影响你的精力、学业、课余生活和人际交往，你对自我和他人的情绪状态的觉察和应对，也会影响你的成就和幸福感。

　　希望通过这本教材的指引，你能够以心理学的专业视角，对高中阶段与情绪管理有关的各个课题有更多的了解、思考、体验和练习，能够学会破解"情绪密码"的小技巧，帮助自己认识和调控情绪、提升和保持良好状态，顺利度过自己的高中生涯。

　　作为活动课的教材，本书通过一系列特别板块的设计，使老师和同学能在课堂内外完成活动、测试，然后进行探讨、反思，从而了解相关的理念、知识，掌握一定的方法、技能。

　　"课前热身"向你介绍与该课主题相关的事例以及一些知识；"课堂活动"

让你在教学活动中获得体验和感悟,并结合专业知识技能的学习进行有益的思考分析;"拓展学习"帮助你学习相关技能,增强信心,升华学习感悟;"课外行动"引导你在日常生活中用行动带来改变。

本教材包括4章共15课:第1章"情绪入门密码"介绍情绪的基本概念,让你对情绪有清楚的认识。第1课"情绪是什么",带领你从不同角度体会情绪的含义,到生活经验中寻找情绪体验,理解情绪是什么;第2课"情绪的分类"探讨情绪的各种类别,引导你体会不同的情绪感受,思考不同情绪的意义;第3课"情绪的功能"让你在对情绪的概念和分类有一定了解的基础上,更具体深入地理解情绪的各种功能,进而思考情绪对现实生活有哪些作用。

第2章"情绪表达密码"帮助你学习如何更敏锐、准确地觉察自己和他人的情绪,更恰当地表达情绪,并思考自己的情绪反应模式及其与原生家庭的关系。第4课"情绪的线索"让你学习如何借助可认知的线索来觉察和判断自己及他人的情绪;第5课"情绪的非言语表达"将介绍情绪表达的非言语信息,让你练习运用非言语信息更准确地判断和表达情绪;第6课"情绪的言语表达"探讨如何在生活情境中恰当地用言语展露情绪,从而有效地促进人际互动;第7课"情绪与沟通姿态"帮助你从"沟通姿态"的角度来认识情绪如何对人际互动产生影响,并学习调适方法;第8课"家庭情绪剧场"将通过家庭情景剧的形式,分析情绪反应模式如何受原生家庭的影响,并引导你思考和练习改善方法。

第3章"情绪调节密码"关注如何在生活中区分积极情绪和消极情绪,展示不同的调节情绪感受的方法,帮助你获得持续的积极情绪和幸福感。第9课"积极情绪与消极情绪"让你去认识生活中的积极情绪和消极情绪,引导你管理自己的日常情绪状态;第10课"理智胜过情感"让你体会认知疗法如何利用理智来调节情绪体验;第11课"消极情绪的调节"让你在了解认知疗法的基础上,进一步练习如何调节生活中常见的消极情绪;第12课"积极情绪的力量"让你从积极心理学的角度发掘更多的积极情绪,为幸福助力;第13课"我的优势与幸福"帮助你发现自身的优势,获得催生积极情绪和幸福感的正向资源。

第4章"情绪进阶密码"拓展与情绪管理有关的知识和技能,让你明白幸福的人生不只来自管理好情绪后获得的愉悦感,还要具备应对挑战、战胜逆境的能力。第14课"突破情商看逆商"介绍"逆境商数"、"抗逆力"的概念,拓展与情绪管理密切相关的综合心理素质;第15课"活出生命的意义"借助同名书籍,从人生目标和自我实现的角度,探讨情绪管理的方法和意义。

由衷地希望你能够喜欢心理选修课程,喜欢这本教材,希望我们的努力能够为你的成长添上多彩的一笔,希望你能够拥有良好的身心状态和心理素质,拥有更精彩的人生!

编　者

2018 年 5 月

目　录

第 1 章　情绪入门密码

　　欢迎开启探寻"情绪密码"的旅程！情绪到底是什么？什么时候我们能感受到情绪？为什么我们会有情绪？情绪对我们的生活有什么影响？是否真的存在"情绪密码"，让我们可以调控自己的情绪？让我们在这一章对情绪形成基本的认识，获得"情绪入门密码"。

第 1 课　情绪是什么

"怒发冲冠"的故事

成语"怒发冲冠"是指愤怒得头发直竖,把帽子都顶起来了,常用来比喻极度愤怒。这个成语来源于《史记·廉颇蔺相如列传》:"王授璧,相如因持璧却立,倚柱,怒发上冲冠。"

故事是这样的:

战国时期,赵国的国君赵惠文王得到稀世珍宝和氏璧(这块璧是春秋时楚人卞和发现的,所以被称为"和氏璧"),这件事被秦国的国君秦昭王知道了。由于秦国国力强于赵国,秦王企图仗势把和氏璧据为己有,便假意写信给赵王,表示愿用十五座城池来换这块璧。

赵王怕秦王使诈,给了璧却换不来城池,因而不想把和氏璧送去,但又怕秦王以此为借口派兵来犯。大家商量不出个结果,也找不到一个足够机智的使者,代表赵国到秦国去交涉这件事。就在这时,有人向赵王推荐了蔺相如,说他有勇有谋,可以出使。

赵王立即召见蔺相如,首先问他是否可以同意秦王要求,用和氏璧交换十五座城池。蔺相如说:"秦国强,我们赵国弱,这件事不能不答应。""秦王得到了和氏璧,却不肯把十五座城给我,那怎么办?""秦王已许下诺言,如赵国不答应,就理亏了;而赵国如果把璧给了秦王,他却不肯交城,那就是秦王无理。两方面比较之下,宁可答应秦王的要求,让他承担不讲道理的责任。"赵王认为有理,就派蔺相如带着和氏璧出使秦国。

秦王得知蔺相如到来,没有按照正式的礼仪在朝堂上接见他,而是非常傲慢地在宫室里召见他。秦王接过蔺相如呈上的璧后非常高兴,看了又看,还递给左右大臣和姬妾们传看。蔺相如见秦王如此轻慢无礼,早已非常愤怒,现在又见他只管传看和氏璧,根本没有交付城池的意思,便上前道:"这璧上还有点小的毛病,请让我指给大王看。"蔺相如把璧拿到手后,马上退后几步,靠着柱子站住。他极度愤怒,头发直竖,顶起帽子,激昂地说:"赵王和大臣们商量后,都认为秦国贪得无厌,想用空话骗取和氏璧,因而本不打算把璧送到秦国。听了我的意见后,赵王斋戒了五天,才派我前来送璧。今天我到这里,大王没有在朝堂上接见我,拿到璧后竟又递给姬妾们传观,当面戏弄我,所以我把璧取了回来。大王如要威逼我,我情愿把自己的头与璧一起在柱子上撞个粉碎!"在这种情况下,秦王只得道歉,并答应斋戒五天后受璧。但蔺相如预料秦王不会交城,私下让人把璧送归赵国。秦王得知后无可奈何,只好按照礼仪送蔺相如回国。

在"完璧归赵"的故事中,蔺相如因秦王的傲慢无礼而怒发冲冠,勇敢地保住了和氏璧,也保住了国家尊严,可见情绪对我们的行为和人际交往有着不可小觑的作用。你还知道哪些与情绪有关的成语故事或古诗句吗?请与同学交流一下。

情绪具体指什么?对生活有何影响?你能举出一些自己在生活中感受到的情绪,或者体会到的情绪的作用吗?

_____

_____

情 绪 的 概 念

情绪,是对人的一系列主观经验的通称,是由多种感觉、思想和行为综合作用产生的心理和生理状态,是人的心理活动的一个重要方面。情绪源于人有意识地认知世界而产生的对外界事物的态度。也就是说,情绪是指伴随人的认知过程产生的对外界事物态度的体验,是人脑对客观事物与主体需求之间关系的反应,是以个体需要为中介的一种心理活动。

情绪通常包括情绪体验(即人的主观感受)和情绪行为(即人的一些与主观感受相对应的行为表现)。情绪与生俱来,随着人的成长不断发展变化。

对于情绪的确切含义,心理学家已经辩论了多年。情绪有20种以上的定义,尽管它们各不相同,但都承认情绪是由以下三种成分组成的:

1. 情绪涉及身体的变化,这些变化是情绪的表现形式的一部分;

2. 情绪涉及有意识的体验;

3. 情绪包含认知的成分,涉及对外界事物的评价。

容易和情绪相混淆的概念有:

感觉:个人对情绪的主观认识,更私人化,因人而异。

心情:主体所处的情感状态,比情绪延续时间长,波动不如情绪强烈。

情感:一个笼统概念,有时包括情绪、感觉和心情,有时可以专指情绪,一般来说,情绪更倾向于即时的、与个人当下需求满足与否相关的感受,而情感更多是指社会化的、长时间形成的感受。

情绪被描述为针对内部或外部的重要事件的突发反应,这是言语、行为和神经机制互相协调的一组反应。人类的情绪是一种生物性能,在进化中被强化,因为情绪可以为远古人类常常面临的一些问题提供简单的解决方法(如产生恐惧并决定逃离)。

情绪的五要素

情绪既是主观感受,又是客观生理反应,具有目的性,也是一种社会表达。情绪是多元的、复杂的综合事件。情绪构成理论认为,在情绪产生的时候,有五个基本元素必须在短时间内协调、同步作用。

认知评估:注意到外部事件(或人物),认知系统自动评估其感情色彩,从而触发接下来的情绪反应(例如:看到心爱的宠物死亡,主人的认知系统把这件事评估为对自身有重要意义的负面事件)。

身体反应：身体自动反应,使主体适应突发状况(例如:意识到死亡无法挽回,宠物主人的神经系统觉醒度降低,全身乏力,心跳变慢)。

感受：主体体验到的主观感情(例如:在宠物死亡后,主人的生理和心理产生一系列反应,主观意识察觉到这些反应,把它们理解为"悲伤")。

表达：面部表情和声音变化表现出主体的情绪,这是为了向周围的人传达主体的态度和行动意向(例如:看到宠物死亡,主人紧皱眉头,嘴角向下,哭泣)。

行动的倾向：情绪会引发行为动机(例如:悲伤的时候希望找人倾诉,愤怒会让人做出一些平时不会做的事)。

....

【课堂活动】

1. 我给情绪下定义

请根据以上资料和自己的经验,给出你认为合适的情绪定义,可以参考以下句式:

♥ 我认为情绪就是_____。

♥ 情绪就像是_____。

♥ 当_____的时候,我能感受到情绪。

♥ 如果把生活比作_____,情绪就好比_____。

完成以后,请与同学交流一下。

2. "情绪"对对碰

请在空白的纸上写出你认为与情绪有关的比喻,比如温度计、发动机、小怪兽等,越多越好。

完成以后找个搭档,两个人一组,看看有哪些相同或近似的比喻,把它们标记出来。

再扩大到四个人一组,看看彼此有哪些共鸣。

最后选出全班都有共鸣的比喻,说一说这些比喻的含义,看看大家对情绪的认识有哪些共同点,同时留意那些独特的比喻,了解其独特的含义,拓展各自对情绪的认识。

_____

_____

_____

3. 有趣的两可图

两可图既可以看成是这样,也可以看成是那样。当我们关注图的不同部位并进行认知加工和想象,就能从一张图上看出两种不同的内容。这一现象和知觉(注意)的选择性有关。

知觉(注意)选择是指人们在同一时间段能够认知的外部事物的范围是有限的。同时有很多感官刺激信息进入我们的大脑,但同一时间段内我们的大脑只能对其中的部分信息进行加工和认知,所以我们会根据当前的需要,对外来的刺激信息进行选择,将其中的一部分作为知觉(注意)的对象进行组织加工,它们便被知觉得格外清晰,而其他部分则成为背景,知觉得比较模糊甚至被有意忽略。这一过程会很自然地自动发生,我们对此可能根本意识不到。

这就是说,我们并不是对同时作用于感觉器官的所有刺激都进行加工,而是选出一个或几个刺激。这些被选出的刺激就是知觉对象，其他就成了知觉背景。知觉对象和知觉背景的关系是相对的。这一时刻的知觉对象可以成为下一时刻的知觉背景，而这一时刻的知觉背景也可以成为下一时刻的知觉对象，它们之间是可以不断互换的。当人意识到有两种对象时，大都可以自如地切换它们的主次位置。知觉的选择性会受我们已有的知识经验、生活经历以及兴趣爱好等的影响。

比如对于右图：如果把中间的白色部分当成对象，把黑色部分作为背景，这时你看到的是一个白色酒杯；如果把黑色部分当成对象，把白色部分当成背景，那么你会看到两张对着的人脸。

你还能找到哪些有趣的两可图？大家一起交流一下。

想一想：知觉的选择性会如何影响我们对事物的认识？是否可能影响我们由此产生的情绪感受？

_____

_____

4. 情绪 ABC 理论

情绪 ABC 理论是由美国心理学家阿尔伯特·艾利斯创建的有关认识和调节情绪的理论。

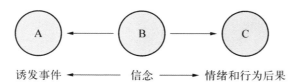

艾利斯认为,诱发事件 A(取" Activating Event "的第一个字母)只是引发情绪和行为后果 C(取" Consequences "的第一个字母)的间接原因,而引起 C 的直接原因是人对诱发事件 A 进行认知和评价而产生的信念 B(取" Beliefs "的第一个字母),即人的情绪感受和相应的行为结果,不是由某一刺激性事件直接引发的,而是由经受这一事件的人自身对这一事件进行认知和评价而产生的信念所引起的。情绪取决于我们对于事件的评价——"这对我来说是一件什么样的事,这对我意味着什么"。有时候我们甚至会发现,在我们处于某一情绪状态之时,无论发生什么事,我们所体会到的可能都是这种情绪。

下图中,A 指某一情绪事件的前因,C 指该情绪事件的后果。通常我们认为,同样的前因会产生同样的后果,但是生活中常常有这样的例子:有同样的前因 A,却产生了不一样的后果 C1 和 C2。这是因为在前因 A 和后果 C 之间,有 B 在起作用,B 就是由我们对 A 的评价与解释所形成的信念。显而易见,面对同一诱发事件,不同的人甚至同一个人在不同时间,因对其所作的评价与解释不同,产生的信念不同,会得到不同结果。因此,一件事到底引起我们怎样的情绪和行为反应,取决于我们脑中的信念。

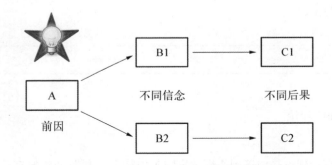

提示:事件本身可能并没有那么重要,重要的是我们对事件的看法。

你能举出哪些符合情绪 ABC 理论的生活事例呢? 请和同学交流一下,然后概括情绪产生的过程。

_____

_____

_____

_____

· ·

【拓展学习】

1. 情绪与头脑和身体

《笛卡尔的错误》提供了一次精彩的科学发现之旅。这一旅程始于菲尼亚斯·盖奇的悲剧故事,然后一直延续到现代的脑损伤患者。本书作者、世界上第一流的神经科学家安东尼奥·达马西奥的研究表明:"情绪和感受的缺失不仅会影响理性,甚至可以摧毁理性,使作出明智的决策变得不再可能。"安东尼奥·达马西奥认为,理性决策并不仅仅是逻辑思维的产物,还需要情绪与感受的支持。更特别的是,他还从一个全新的视角对"情绪的本质"进行了诠释:"它是对我们身体状态的直接观察,是身体和以生存为目的的身体调节之间的联接,同时还是身体和意识之间的联接。"

请在课后阅读这本书,并想一想:对于情绪的概念、情绪产生和工作的原理,你有了哪些新的认识?记录下自己的学习心得,也可以摘录自己觉得特别有感悟的部分,做成小报或分享卡片,进行展示、交流。

_____

_____

_____

_____

2. 从认识情绪开始

　　情绪与我们每一个人都息息相关,每时每刻都与我们一同面对生活。情绪可以成为我们亲密的伙伴,帮助我们迅速组织信息,增强生存的能力,也可以成为我们的敌人,捆绑我们,使我们痛苦万分。因此,我们每个人都应该关注情绪,从认识情绪、觉察自己的情绪开始,成为情绪管理的高手。

......

【课外行动】

　　请留意观察并记录自己一天当中,能强烈、清楚地感受到自己的情绪的时刻,想想当时发生了什么,情绪产生的过程是怎样的。也可以观察或记录身边人的情绪,试着互相交流。

本课学习感悟整理

本课令我印象深刻的内容有:	学习中和学习后,我感到:
以后的学习生活中,我可以:	我有这样一些新的发现:

第 2 课　情绪的分类

情绪的分化与分类

　　美国心理学家威廉·詹姆斯在 1884 年发表了《情绪为何物》。他在文章中提出一项见解,指出情绪大致可分为两个层次:第一层次的四种基本情绪包括悲伤、恐惧、愤怒和爱,这四种的情绪划分较为粗略;第二层次的情绪由第一层次的四种情绪互相组合而成,因此较为细致和复杂。

　　艾克曼和弗里森对情绪的研究在 1975 年有了新的突破,他们找到一个度量情绪的可靠方法:考察人的面部表情。通过研究不同种族人士的面部表情,他们总结出六类基本情绪:愤怒、恐惧、悲哀、厌恶、惊讶和喜乐。这些基本情绪被认为是全人类共有的,并且是天生的——眼盲的婴孩虽然从未见过愤怒或忧伤的表情,但是却能以相似的面部表情来表达那种情绪;不同文化的人虽然用不同的语言或理念去形容同一种情绪,但他们表达该情绪时,面部表情却是一样的。虽然不同的人有不同的情绪反应和表达方式,但每当看到别人的面部表情,每个人都会立刻明白其表情背后的情绪,跨越语言的沟通就这样自然产生。

　　一个刚出生的婴孩,并不懂得用言语来表达自己的情绪,啼哭是他们最早的情绪行为;随着他们身心的成长,照料者可以渐渐分辨他们开心、不开心、愤怒、恐惧甚至妒忌的情绪。

　　布雷吉斯研究发现:在约三个月内,婴孩的原始激动情绪开始分化为痛苦

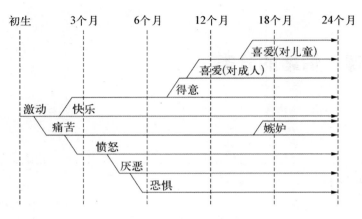

初生　　　3个月　　　6个月　　　12个月　　　18个月　　　24个月

喜爱(对儿童)
喜爱(对成人)
得意
激动　快乐
痛苦　　　　　　　　　　　嫉妒
愤怒
厌恶
恐惧

婴幼儿时期情绪分化图

和快乐两个范畴;到六个月大,痛苦的情绪再细分出恐惧、厌恶和愤怒。当婴孩一岁时,快乐的情绪又细分出得意和喜爱。再过半年,痛苦的情绪又细分出嫉妒。

潘克塞普通过心理生物学的研究,提出基本情绪可能是由原始基因在大脑中排列出既定的路线而形成的。相对地,大脑的理性思维组织对既定的情绪记忆路线只有适度的影响,并不能完全控制情绪反应。潘克塞普主张,已有足够的证据表明,大脑中有五条既定的情绪记忆路线:搜寻——期待——好奇——调查系统;愤怒——狂想系统;焦虑——恐惧系统;分离——烦恼——悲伤——苦痛——慌乱系统;社交——游戏系统。

上述研究成果在一定程度上印证了基本情绪分类理论是正确的。潘克塞普的研究结果肯定了愉快、苦恼、愤怒和恐惧这四种基本情绪,并且添加了惊讶/好奇作为第五种基本情绪,这个结果也与艾克曼和弗里森的研究一致。综合以上发现,我们可以认为以下五种情绪是基本情绪:悲伤、恐惧、愤怒、愉快和惊讶。

综合情绪,例如尴尬、骄傲、嫉妒、狂妄、怜悯、内疚和爱等,是由基本情绪相互组合而成的,而个体所处文化的传统和社会文化认知方面的评估则会干扰这些综合情绪的形成,因此,综合情绪会因文化上的差异而有所不同。比如:对于哪些行为是令人羞愧的,不同文化会有不同的界定;怨愤包含愤怒和悲伤两种基本情绪,但也掺杂了个体对自己的认知所作的评估、对自己的责任和表现的评估等,而这些评估能力是后天习得的,会受外界文化环境影响。

(选自《情绪四重奏》,有删改。)

关于情绪的分类,你有什么见解? 你知道哪些情绪的分类方法? 你常常感受到的是哪些情绪? 一些热门的流行词汇,比如"囧",描述的又是怎样的情绪呢? 与同学交流一下。

_____

_____

....

【课堂活动】

1. 情绪词库

生活中我们用于描述情绪的词汇非常丰富,请分成五个小组,每个小组负责基本情绪悲伤、恐惧、愤怒、愉快和惊讶中的一种,比比在三分钟时间内,哪个小组写出的情绪词汇多。

各小组派代表进行展示,小组之间还可以相互补充,建立丰富的基本情绪词库。

记住自己所在小组代表的基本情绪,然后与其他小组的组员组合,看看能发展出哪些综合情绪,形成综合情绪词库。

♥　基本情绪词库

悲伤_____

恐惧_____

愤怒_____

愉快_____

惊讶_____

♥ 综合情绪词库

2 种复合_____

3 种复合_____

4 种复合_____

5 种复合_____

2. 情绪大比拼

分成五个小组,每组代表一种基本情绪。

请每个小组列举出会引发本组所代表情绪的生活事件,并说明情绪产生的过程。

事先准备一些生活事件,小组讨论这些事件是否可能引发本组所代表的情绪,并说明该情绪产生的过程。

小组之间交流各组所代表的情绪的好处和坏处,看看每种情绪对我们的生活有什么影响。

3. 情绪捕手

尝试记录生活中的情绪体验,捕捉自己一天当中情绪感受最强烈的事件。

事件/他人的反应:_____

我的情绪:_____

注意:记录的是情绪,而不是想法,尝试用五种基本情绪来标记自己的感受。

记录了一周或更长时间后,请尝试用经历的密度来排列五种基本情绪,1 是最常体会到的情绪,5 是最少体会到的情绪。

1＿＿＿＿＿＿＿＿

2＿＿＿＿＿＿＿＿

3＿＿＿＿＿＿＿＿

4＿＿＿＿＿＿＿＿

5＿＿＿＿＿＿＿＿

想一想：为什么自己较少感受到排在最后的一两种情绪？面对这一两种相对比较陌生的情绪,你是否会感到不安？你在童年是否时常感受到父母表达这类情绪,因而令你不喜欢这类情绪？又或是父母较少表达这种情绪？自己是否最讨厌别人表达这类情绪？

＿＿＿＿＿＿＿＿＿＿＿＿＿＿＿＿＿＿＿＿＿＿＿＿＿＿＿＿＿＿

＿＿＿＿＿＿＿＿＿＿＿＿＿＿＿＿＿＿＿＿＿＿＿＿＿＿＿＿＿＿

这个反思过程对你有何启示？

＿＿＿＿＿＿＿＿＿＿＿＿＿＿＿＿＿＿＿＿＿＿＿＿＿＿＿＿＿＿

＿＿＿＿＿＿＿＿＿＿＿＿＿＿＿＿＿＿＿＿＿＿＿＿＿＿＿＿＿＿

【拓展学习】

情 绪 坐 标

情绪好比我们内心世界的晴雨表,是我们的一种内心感受和主观体验。我们的情绪反应是与生俱来的自动评估体系,提示与我们有关的世界发生了什么、对我们来说意味着什么,后天的学习和经验也会慢慢融入我们的这个评估系统。

情绪复杂多样,分类形式不一。情绪本身没有好坏之分,但我们的表达和应对有恰当与否之别。你能说出多少种情绪,又体会过哪些情绪呢? 请将你能想到的情绪根据其带来感受的兴奋程度和愉悦与否,填入下面的坐标系,看看自己的情绪通常在哪些象限,想一想这是为什么。

情绪坐标图

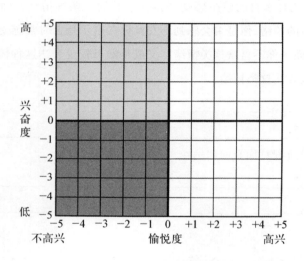

（选自《高中生心理健康自助手册》,有删改。）

....

【课外行动】

　　青春期是我们的情绪情感丰富发展的时期,我们可以产生非常多样的情绪体验。成为情绪管理高手的第一步,就是学习分辨自己的情绪感受,尝试说清楚自己的情绪,可以从建立自己的情绪词库做起。

此外,我们还可以尝试用不同的方式,比如文字、图像、颜色、音乐、数字等,来记录自己的情绪体验,并分析它们产生的过程和造成的结果,撰写属于自己的情绪日记。

本课学习感悟整理

本课令我印象深刻的内容有:	学习中和学习后,我感到:
以后的学习生活中,我可以:	我有这样一些新的发现:

第3课　情绪的功能

··

【课前热身】

情绪与创作力

建威一直认为自己天生是一个没有创作能力的人,每一次他很努力地想去写作或画画,总是呆坐半天,不知道写什么、画什么才好,过程极其痛苦和艰辛,于是他决定放弃,承认自己完全没有创作能力!

直到他开始接受情绪治疗,学习去觉察自己的情绪,写一些舒缓情绪的日记,参加体验性的情绪调节工作坊。当他开始接触自己的内心世界,神奇的事发生了,他发现自己的创作能力开始渐渐浮现。

某个时刻,一种感觉、一个构思突然涌现,他很想将它们表达出来,于是他就试着把这种感受和构思画出来或是写出来。他自己也很惊讶,原来自己竟然也能做些小创作!

当他更能触摸自己内心的情感和需要,学习去表达内心的感受时,他的创作能力也随之增强,创作的构思和灵感不断产生。创作力不但令他可以画画和写作,甚至在日常生活和工作中也能渐渐发挥出来,成为他人生的新动力!

创作力源于人丰富的情绪情感经历,当人的情绪被某些事物、经历、电影、音乐、故事所牵动,便可以通过画画、音乐、文字等表达出来,成为创造性作品。因此,情感越是丰富细腻的人,创作的能力和内涵便越丰富。

有些人认为自己天生缺乏创作力,其实是他们缺乏丰富的内心情绪体验和情感经历,未能意识到他们自己内在的情绪,或不懂得如何表达他们的情绪。年幼的小孩可以自由流露情绪,会很自然地将他们的创作力和想象力表现出来,大人有时受到各种各样的限制,禁锢了情感、压抑了情绪,创作灵感也就贫乏了。

(选自《情绪四重奏》,有删改。)

想一想,你有过因情绪发生变化而导致你的某些表现受影响的经历吗? 与同学交流一下,看看情绪到底有哪些神奇的功能。

情绪的功能

日常生活中发生的大大小小的事件,并非每一件都是重要的事。怎样分辨哪一件事是重要的呢? 我们不用逐一细想,情绪就是我们的快速侦察器,对每一件事情作出快速评估,一旦发现有信息对我们内在的需要会产生影响,就会生出信号,牵动我们的注意力。因此,情绪为我们的生存、沟通和化解问题提供重要的线索。格林伯格就情绪的功能列出以下要点:

1. 情绪是内在的信号:情绪并不是麻烦的障碍物,而是提供信息的重要渠道。例如情绪能发出危险警告,让我们觉察到别人侵越了我们的界限,让我们觉察到自己对人或环境缺乏安全或熟悉感。

2. 情绪说明人正在迅速组织适当行动:情绪因应环境的改变而发出信号,引导人迅速作出相应的改变。例如:忧虑使人却步、谨慎小心;恐惧使人回避、停止向前;悲伤使人退缩、避免伤害;兴奋使人膨胀、继续开放表达自己。

3. 情绪持续侦察与他人的关系状况:在人际关系之中,情绪扮演着重要的角色,不断侦察关系的状况并发出提示,让我们知道与他人的关系是否需要修补。

4. 情绪可以评估事情进展是否顺利:情绪迅速地提供关于个人目前的状

况、需要、目标等信息,并且调节个人的行为。

5. 情绪发放信号给外界:相较存于内心的思想,情绪能通过面部表情及声调等进行外显表现,使他人接收到信号,调节他们的行为。情绪也可反映关系的状况,可成为组织关系的动力:悲哀反映损伤;愤怒反映受到挫败或不公平对待;恐惧反映关系受到威胁;妒忌反映感到被威胁。每一种情绪都可表达与他人或环境的关系状况。

(选自《情绪四重奏》,有删改。)

概括地讲,情绪具有适应功能、动机功能、组织功能以及信号功能。和同学讨论一下:你在生活中时常感受到情绪的哪些功能?你认为情绪的哪项功能最重要?为什么?

_____

_____

....

【课堂活动】

1. 情绪功能卡

分成四到六人的小组,每组分得三种颜色的卡片若干。在第一种颜色的每张卡片上写一种生活中常见的情绪,在第二种颜色的每张卡片上写一种情绪的功能,在第三种颜色的每张卡片上写一个能引发情绪的常见生活情境。

任意抽取每种颜色的卡片一张,根据卡片内容编写故事或表演情景剧。其他小组的同学进行点评,并根据本小组的卡片进行补充。

还可以进行归纳整理:依次拿出各种情绪卡,针对这种情绪,讨论其可能的各种功能和相关生活情境。将讨论结果填入下表。

情　绪	功　能	生　活　情　境
悲　伤		
恐　惧		
愤　怒		
愉　快		
惊　讶		

2. 情绪回想

先独自进行,然后与同学进行小组讨论。

回想一个让你印象深刻、情绪体验强烈并经常会在脑海中浮现的场景。

_____

_____

这个场景引起你怎样的情绪？请描述一下感受和程度。

_____

_____

这一情绪的强度与当时事件的严重性是否匹配？如果不相匹配,那么想一想是否曾在其他场景里体验过相同的情绪。

_____

_____

如果你发现这种强烈的情绪最近经常在你的生活中出现,而且以前也有不少关于这种情绪的经历,那么这种情绪可能已经形成了一种情绪路线,它因为当前发生的事情而产生,进而勾起了过去的某些经历,引发对当前事件的过度反应。

请写下相关细节,将来再产生相似的强烈情绪时,可以尝试分辨,这种强烈反应有多少来自当前事件,多少来自以前的经历,从而努力控制自己不要作出过于强烈的反应。

你的情绪有没有影响你的学习和生活? 如果有,请描述那是一种怎样的情绪,它如何影响你的表现。

_____

_____

_____

【拓展学习】

踢 猫 效 应

一位父亲在公司受到了老板的批评,回到家就把沙发上跳来跳去的孩子臭骂了一顿。孩子心里窝火,狠狠去踢身边打滚的猫。猫逃到街上,正好一辆卡车开过来,司机赶紧避让,却把路边的孩子撞伤了……

这就是心理学上著名的"踢猫效应",是指一种典型的负向情绪导致的连环影响。

一般而言，人的情绪会受到环境以及一些偶然因素的影响。当一个人的情绪变坏时，潜意识会驱使他选择向其下属或无法还击的弱者发泄。受到上司或者强者的情绪攻击的人会再去寻找自己的出气筒。这样就会形成一条愤怒传递链条，人际关系中最弱小的群体往往是受气最多的群体。

当今社会，工作与生活的压力越来越大，竞争越来越激烈。这种紧张很容易导致人们情绪的不稳定，一点不如意就会烦恼、愤怒起来。如果不能及时调整这种消极因素带给自己的负面影响，就会身不由己地加入"踢猫"的队伍。

在现实生活里，我们很容易发现，许多人在受到批评之后，不是冷静下来想想自己为什么会受批评，而是心里面很不舒服，总想找人发泄心中的怨气。

其实这是一种不能接纳他人对自己的批评、不能正确认识自己的错误的表现。受到批评，确实有可能影响我们的心情，但被批评之后去"踢猫"，不仅无助于我们调整自己、改善自己，反而容易激发更多的不愉快和人际之间的矛盾，带来更多我们不喜欢的后果。

生活中，每个人都可能是"踢猫效应"长长链条上的一个环节，遇到比自己弱的人，都有将愤怒转移出去的可能性。当一个人沉溺于不快乐的事时，接收到更多不快乐的事的可能性就会增大。久而久之，就容易形成恶性循环。其实，好的情绪也一样会传染，那么为什么不将自己的好心情随人际交往传播开来呢？

头 脑 特 工 队

电影《头脑特工队》给我们展示了一个特殊的世界——我们头脑中的情绪如何工作，如何跟我们一起应对生活事件、迎接各种挑战。

影片的主角是可爱的小女孩莱莉，她出生在明尼苏达州一个平凡的家庭中，在父母的呵护下成长。爸爸妈妈的爱护，同学好友的陪伴，在莱莉的脑海中留下了无数美好的回忆。

与她一起呱呱坠地的，还有她头脑里的五个特殊的"小特工"：乐乐、忧忧、怕怕、厌厌和怒怒。他们是人类的五种主要情绪,与莱莉的一举一动息息相关。其中,乐乐作为情绪团队的领导(莱莉童年的主导情绪),协同其他伙伴致力于为小主人营造更多美好、愉快的珍贵回忆。

莱莉在头脑特工队的守护下快乐地长到 11 岁。有一天,莱莉的父母突然宣布要搬家,从熟悉的明尼苏达小镇搬到大城市旧金山。这一切让莱莉和头脑特工队猝不及防。经过漫长的旅程,莱莉来到了他们的新家。脏乱狭窄的公寓、陌生的校园和同学、因分离而逐渐失落的昔日友情……一切都让莱莉无所适从。她的负面情绪逐渐累积,接连的情绪应激事件也让头脑特工队的小伙伴们手忙脚乱。

终于,一次意外发生了:乐乐为了保住莱莉快乐的核心记忆,避免悲伤的记忆成为核心记忆,和忧忧一起被记忆管道抽离了头脑总部,莱莉内心美好的世界也随之渐次崩塌……

请观赏影片,试着去发现莱莉的这几种基本情绪是如何产生和工作的,它们对莱莉的生活都起着哪些作用。试着与同学讨论核心记忆、性格岛对莱莉的意义是什么。

_____

_____

莱莉搬家和成长,给她的头脑特工队带来了哪些挑战? 他们需要作哪些努力来应对挑战? 最后克服困难的关键是什么?

_____

_____

影片结尾,莱莉的头脑总部发生了什么变化? 莱莉父母的头脑特工队和莱莉的有什么区别?

_____

_____

你觉得自己的头脑里住着一支怎样的头脑特工队? 试着为自己头脑中的这支特工队画像,完成之后跟好朋友交流一下。

....

【课外行动】

　　情绪对我们每天的生活和人际关系都起着非常重要的适应、启动、调节和信号功能。了解和觉察情绪工作的原理,有助于我们更好地管理情绪。

　　你是否希望提升自己的创作力? 只要你愿意每天多接触自己的感受,便可以慢慢培养自己的创作力。首先可以找一本日记本,把每天产生的情绪用文字、图画、剪贴等形式记录下来。不要在意文字或图画是否漂亮,只是放松地随意记录下自己的情绪。当你更多地接触自己内在的情绪后,你的创作力就会渐渐提升。

　　如果你发现自己最近记忆力下降,那么你可能积累了太多未处理的情绪。尝试用情绪日记的形式将情绪表达出来,记忆的问题可能会自然改善。

本课学习感悟整理

本课令我印象深刻的内容有：	学习中和学习后,我感到:
以后的学习生活中,我可以：	我有这样一些新的发现:

第 2 章　情绪表达密码

　　情绪本身没有好坏之分,但我们的表达和应对有恰当与否之别。恰当与否的评判标准就是"度"——情绪体验和表现强度不过度、持续时间不过度。任何情绪,只要我们表达合理、应对得当,就不会造成负面影响,对我们都会有积极的提示和启动作用。经历了情绪入门之旅,大家已经对情绪是什么、如何产生和发挥作用有了一定的了解。接下来,就让我们来探索如何更好地觉察自己和他人的情绪,更恰当地表达情绪,让自己、他人和我们所处的环境共同受益。

第4课 情绪的线索

【课前热身】

情绪"堵车"

妈妈带着两岁多的儿子坐公交车。遇到红灯,车停下了。

妈妈对儿子说:"宝贝,把你的外套穿上吧。"

儿子不理会妈妈的话,把脸转向车窗外,说:"堵车!"

妈妈看了看红灯前的车辆,附和儿子说:"是堵车了。你快把外套穿起来吧。"

儿子坚持不肯穿,还是看着窗外。

妈妈不耐烦地说:"你今天起床以后一直耍花样不听话!"

儿子又嚷起来:"堵车! 堵车!"

妈妈再看看前面,红灯已经转为绿灯,前面道路畅通,并没有堵车,于是纠正道:"前面没有堵车啊!"

儿子还是坚持说:"堵车! 堵车!"

妈妈继续纠正他说:"瞎说,根本没有堵车啊!"

听到妈妈的语气变得强硬,儿子的情绪也高涨起来,大声叫道:"堵车! 堵车! 堵车!"

妈妈听到儿子大声叫嚷,也变得激动起来:"跟你说前面根本没有堵车! 把你的外套穿起来听见没!"

……

在这个故事里,妈妈和儿子产生了怎样的情绪?它们是怎么产生的?你能解读儿子坚持说"堵车"是想表达怎样的情绪吗?你会给这位母亲提出怎样的建议,帮助她觉察儿子和自己的情绪?

情 绪 智 商

情绪智商是由美国学者丹尼尔·戈尔曼于 1995 年提出的概念。

戈尔曼认为,一个人的成功,一般智商的作用只占 20%,而情绪智商的作用则占 80%。这可以用来解释那些智商高而没有成就、智商一般却可能有很高成就的现象。

所谓情绪智商,是一种做人的涵养,一种性格的素质,一种精神力量,具体表现在处理事务时能自动自发,能控制情绪,有远大目光,有自我认识,待人接物有较好的人际交往技巧,等等。

丹尼尔·戈尔曼在 1995 年出版《情商》一书,在全球掀起了一股强劲的旋风,亦使得"情绪智商"一词变成流行词。

戈尔曼著书的用意就是要人们将注意力从智商转移到情商上来。他认为,人们首先要认识情商的重要性,改变过去只重视智商,认为高智商就等于高成就的观念。

丹尼尔·戈尔曼认为,影响组织领导成败的关键因素在于领导者的情商技巧。在任何人类团体中,领导人都具备影响团体成员情绪的最大力量,而只有最杰出的领导人,才会了解情绪在工作场合扮演的重要角色,不仅可以利用它达到提升企业效益、留任人才等目标,还可以得到许多重要的无形收获,如提升士气、增强冲劲及责任感。

在《情商》一书中,丹尼尔·戈尔曼使用清新、易懂、适合大众阅读的笔调,向成年人尤其是父母们娓娓讲述小孩和大人如何培养和利用情商在学校和社会生活中取得成功,颠覆了长期以来占据主流地位的人生成功"唯智商论"。

请选读戈尔曼的著作,对情商有更清楚的了解。

可以分成不同意见的小组,辩论一下情商和智商在日常学习生活中的作用、对人一生成就的影响、对人幸福感的影响。然后思考整理一下,想想情商到底是什么,对我们有何影响。

_____

_____

情 绪 的 意 识

情绪是一股内在动力。不愉快的情绪告诉我们: 有问题出现,需要加以注意、加以化解。情绪的转变也往往能引导我们找出问题的解决方法。但是,有些情绪可能不会上升到意识层面,或者只有部分被意识到,又或者被扭曲地意识到。

某一种情绪若长期不能被意识或被理解,就会形成一股内在的压力,这种压力越大,情绪越强烈。因为不能清晰地说明情绪的起因,所以它的意义不能被完全明白,对该情绪也就难以进行理性分析。这类情绪会导致固执不智的行为倾向。这种情绪的杀伤力和改变的困难度,要视这种情绪是否在年幼时就已经形成、形成时的强烈程度以及是否常被不同的情境引发而定。

成年人的情绪普遍是由于情绪路线系统内的记忆被勾起而产生的。情绪是否被意识到,取决于这种情绪是否被注意到或象征化。格林伯格、赖斯和埃利奥特指出,情绪可以以下列五种不同的意识程度存在:

1. 存在但不被意识到;

2. 存在但只有部分或边缘被意识到;

3. 存在并被意识到,但不能借助言语表征其意义;

4. 被意识到且意义可被清晰地表征出来;

5. 被意识到并被表征出来,主体可以完全明白它的起因和意义,以及相关联的行动倾向、需要和欲望。

我们对情绪的觉察,可以从意识的不同层面着手进行,比如接纳信息、处理信息、理解信息等。

（选自《情绪四重奏》，有删改。）

【课堂活动】

1. 觉察我的情绪

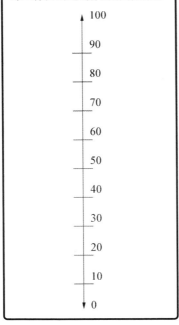

·情绪温度计·

此刻你的情绪状态如何？0度表示情绪差到极点、非常低落；100度表示情绪好到历史最高点，非常开心兴奋。请在温度计上标注出此刻你的情绪温度。

·情绪的线索·

情绪	高兴
情境	见到久别的好友
生理变化	心跳加快
言语表达	"好久不见呀！"
非言语行为	伸出手拥抱

请根据以上范例，再举出三个例子，找出三种不同的情绪线索。

情绪	
情境	
生理变化	
言语表达	
非言语行为	
情绪	
情境	
生理变化	
言语表达	
非言语行为	
情绪	
情境	
生理变化	
言语表达	
非言语行为	

2. 情绪 123

　　全部同学均分成两组,排成两个同心圆,里面一圈脸朝外站立,外面一圈脸朝里,里外两人组成一个小组。先轮流说"1"、"2"、"3",练习一下。然后把"2"换成一种可以表达情绪的声音,比如"啊"、"呀"、"哎哟喂"等,不断轮流,直到老师喊停,出错了就重新来。再把"3"换成一种表达情绪的动作,比如拍手、跺脚、发抖等,不断轮流,直到老师喊停,出错就重来。也可以采取淘汰制,出错或卡壳就淘汰,看哪些搭档能坚持到最后。

　　游戏结束后总结一下,游戏中用到了哪些表达情绪的声音和动作。然后讨论,生活中还有哪些可用于觉察自己或他人情绪的线索。

　　表达情绪的声音:_____

　　表达情绪的动作:_____

　　其他线索:_____

3. 情绪猜猜看

　　分成六人左右的小组,每组派出两三人作为表演选手,从事先准备的一组情绪词汇中抽取一个,在规定的时间内,在不说出该词的条件下,表演这种情绪,由小组的其他成员猜出抽到的是什么词。比比看,哪个小组在规定的时间内猜中的最多。

　　游戏结束后讨论一下:刚才运用了哪些线索来表达和判断情绪?怎样的情绪比较容易判断,怎样的情绪比较难判断?生活中是否也如此?

_____

_____

　　在刚才的游戏中,你体会到了哪些情绪?它们是如何产生的?对你刚才的表现有什么影响?

————————————————————————————————

————————————————————————————————

···

【拓展学习】

心理小测试：你认识自己的情绪吗？

	是	否
1. 你是否认为情绪是很麻烦的东西,有时令你摸不着头脑,不知为何会很不开心或心烦?		
2. 面对身边情绪化的朋友,他们的情绪会否令你觉得很烦,有时甚至不知所措?		
3. 你的朋友或家人是否曾批评你情绪化?		
4. 你是否经常感到郁闷,而又不知为何有此感受?		
5. 对于别人的痛苦,你会否无动于衷?		
6. 你是否觉得自己有时候太敏感,很容易因别人的一句话而介怀或不开心?		
7. 别人是否经常称赞你"好说话"?		
8. 你是否脾气暴躁,或偶尔会突然大发脾气?		
9. 你是否觉得自己情绪平稳到没有起伏的程度,没有什么特别开心或不开心,对感受已然麻木?		
10. 你是否觉得自己缺乏创意?		
11. 你是否感到难以学习新知识,不易做到融会贯通?		
12. 在情绪低落时,你的想法会否变得极端,不容易产生正面的想法?		
13. 你是否感到情绪影响你的学习表现,有灵感时能够很快完成任务,没有感觉时则不能高效率地做事?		

	是	否
14. 在学业发展方面,你会否对将来感到迷惘,不知该如何作出选择?		
15. 你会否感到听不到别人的声音?		
16. 你会否感到不容易集中精神在学业或工作上?		
17. 你会否担心自己的健康、学业、家庭?		
18. 你是否感到与人关系较疏离,难有知己朋友?		
19. 你是否感到未能发挥自己的能力?		
20. 你是否常常感到无奈,被很多矛盾所困扰,很难作出抉择?		

计算你回答"是"的次数。

● 4 次或以下:

你非常了解自己的情绪,生活愉快畅顺,能够发挥自己的能力,能够关怀被情绪困扰的人。

● 5 次到 9 次:

你仍有进一步认识自己的情绪、更有效地发挥自己潜质的空间。

● 10 次到 14 次:

你的情绪影响了你的生活质量,也影响你的成长。可阅读有关的书籍来帮助自己。

● 15 次及以上:

情绪困扰严重影响了你的生活。可考虑寻求专业辅导、心理咨询,来化解困扰。

（选自《情绪四重奏》,有删改。）

你的测试结果如何呢? 你希望自己在情绪管理方面有怎样的改变? 可以从哪一点做起呢? 跟同学交流一下。

_____

_____

_____

情绪交流障碍——"雨人"的故事

电影《雨人》讲述了一个与自闭症患者有关的温情故事。

查理的父亲去世了,留下的300万美元的遗产却全部给了查理素未谋面的哥哥雷蒙。这让查理气愤不已,他决定去寻找哥哥。谁知雷蒙竟然住在精神病院里——原来他患有自闭症,母亲去世后就被送到了精神病院治疗。查理盘算着把雷蒙带出精神病院,伺机骗哥哥把遗产转让给自己。

雷蒙的生活习惯非常地奇异,有很多稀奇古怪的行为。不久,查理就在与雷蒙的共处中发现雷蒙有着惊人的记忆能力,于是利用哥哥过目不忘的本领去赌场上发挥一下,赢得了一大笔钱,使查理足以摆脱穷困的生活。而令查理收获更大的是,他还从特别的哥哥雷蒙这里,获得了慢慢升温的亲情,这种手足情的价值远远胜过了他原先图谋的300万遗产。

你听说过自闭症吗?

自闭症,又称孤独症,是广泛性发育障碍的一种亚型,以男性多见,起病于婴幼儿期,主要表现为不同程度的言语发育障碍、人际交往障碍、兴趣狭窄和行为方式刻板。约有3/4的患者伴有明显的精神发育迟滞,部分患者在一般性智力落后的背景下在某方面具有较好的能力。

自闭症患者在自我意识和与人交流方面存在障碍,对自己情绪的感知和表达也明显异于常人。

试着去了解自闭症患者的人生,你会发现,不能正常与他人进行情绪情感交流,会对一个人的一生产生多大的影响。

请观赏影片,注意片中对两位主角情绪情感交流的刻画,体会人际交流时情绪表达所传递的信息和能量。

查找一些关于自闭症的资料,探访一些援助自闭症患者的机构,写下你对于情绪觉察的感悟。

【课外行动】

当我们静下心来,就能发现那些自动化了的情绪线索。

试着多与自己相处——在一天中给自己留出 5 到 15 分钟的独处时间。你可以选择在不容易被打扰的清晨或是晚上睡觉前,想一想自己最近的情绪状态,试着写一些情绪日记。多加练习,你就能变得更敏锐。

本课学习感悟整理

本课令我印象深刻的内容有:	学习中和学习后,我感到:
以后的学习生活中,我可以:	我有这样一些新的发现:

第5课　情绪的非言语表达

··

【课前热身】

在网上搜索一些婴儿、儿童的表情,或者自行拍摄一些身边的老师、同学的表情,给每种表情编上编号。

依次仔细观察这些表情,看看能否分辨出每种表情所表达的情绪。尝试运用前面学过的情绪分类方法并调用你的情绪词库。跟同学交流一下,看看大家分辨的结果有哪些相同和不同之处。

总结一下:你是根据哪些关键线索来判断情绪的?生活中还可能有哪些线索?

_____

_____

_____

看到这些表情图,你有什么样的情绪反应和感受?第一时间产生的反应是什么?它勾起了你怎样的回忆?

_____

_____

_____

非言语沟通

　　非言语沟通指的是使用语言符号以外的各种符号系统进行沟通,包括形体语言、辅助语言、空间利用以及沟通环境等。在沟通中,信息的内容部分往往通过言语来表达,而非言语符号则作为提供解释内容的框架。因此,非言语沟通常被错误地认为是辅助性或支持性角色。其实,在人际交流中,非言语信息往往更容易被采信,甚至比言语内容占有更重要的分量。

　　非言语信息通常包括面部表情,手、脚、躯体等部位的动作,以及音高、语调、空间领域等信息,其中最主要的是身势语(又叫体态语言,包括能够传达信息的面部表情、手势、身体的姿态与动作)。由此,非言语符号系统可以分为以下几个部分:

　　1. 视—动符号系统:即身势语,包括面部表情、手势、身体的姿态和动作。

　　2. 辅助语言系统:说话时的音质、音高、声调及言语中的停顿、速度快慢、夹杂的咳嗽、笑等,都能加强信息的语义分量。

　　3. 目光接触系统:如目光是否直接接触、接触时间长短等,都能传达信息。

　　4. 时—空组织系统:即沟通双方的空间距离和沟通情境等。

　　非言语沟通的作用主要包括:

　　1. 使用非言语沟通符号来重复言语所表达的意思以加深印象。

　　2. 替代言语,即使不说话,也可以通过非言语符号比如面部表情看出其意思,这时候,非言语符号起到代替语言符号表达意思的作用。

　　3. 非言语符号作为言语沟通的辅助工具,即"伴随语言",使言语表达更准确、有力、生动、具体。

　　4. 调整和控制言语,借助非言语符号来表示交流沟通中不同阶段的意向,传递有关意向变化的信息。

　　5. 表达超言语意义。在许多场合,非言语符号要比言语更具有雄辩力。高兴的时候开怀大笑,悲伤的时候失声痛哭,认同对方时深深地点头,都要比言语更能表达当事人的心情。

非言语沟通和言语沟通存在着明显的区别。言语沟通在说出词语时开始，它利用声音渠道传递信息，能对词语进行控制，是结构化的，并且是被正式教授的。非言语沟通是连续的，通过声音、视觉、嗅觉、触觉等多种渠道传递信息，绝大多数是习惯性的和无意识的，在很大程度上是无结构的，并且是通过模仿习得的。

非言语沟通具有以下几个主要特点：

1. 无意识性。例如：和自己不喜欢的人站在一起时，与其之间的距离比与自己喜欢的人要远些；有心事时，不自觉地就给人忧心忡忡的感觉。

正如弗洛伊德所说，没有人可以隐藏秘密，假如他的嘴不说话，他也会用指尖说话。一个人的非言语行为更多是一种对外界刺激的直接反应，因而基本都是无意识的反应。

2. 情境性。与言语沟通一样，非言语沟通也展开于特定的语境中，情境左右着非言语符号的含义。相同的非言语符号在不同的情境中会有不同的意义。同样是拍桌子，可能是"拍案而起"，表示怒不可遏，也可能是"拍案叫绝"，表示赞赏至极。

3. 可信性。当某人说他毫不畏惧的时候，他的手却在发抖，那么我们更相信他是在害怕。英国心理学家阿盖依尔等人研究发现，当言语信号与非言语信号所代表的意义不一样时，人们更相信非言语信号所代表的意义。

言语信息受理性控制，容易作假，非言语信息则不同，它们大都发自内心，极难压抑和掩盖。

4. 个性化。一个人的肢体语言，同其性格、气质是紧密相关的，爽朗敏捷的人同内向稳重的人的手势和表情肯定是有明显差异的。每个人都有自己独特的肢体语言，它体现了个性特征，人们时常利用一个人的形体表现来解读他的个性。

（选自《组织行为学：理论与应用》，有删改。）

试着了解更多与非言语沟通有关的知识和研究。讨论一下，生活中有哪些令你印象深刻的非言语沟通事例。

_____

_____

··

【课堂活动】

1. 非言语密码

　　分成六到八人的小组,全部背向老师面朝同一方向排成一列坐下。离老师最近的同学从老师处领取一串由数字组成的密码,然后将这一密码用非言语形式(不能使用任何的书面或口头语言)依次传递给排在最远处的同学,所有小组成员都必须参与此过程。看看哪个小组传得又快又准确。

　　可以讨论好传递方法后再开始传递。每完成一轮后,都可以进行讨论,力争采取更多方法,在效率、正确率上有所提升。

　　游戏完成之后讨论:传得又快又好的关键是什么?

_____

　　传递非言语信息需要注意什么? 如何更好地解读对方传递的非言语信息?

_____

_____

2. 情绪 copy 不走样

　　分成十人左右的小组,每组除排头外面朝同一方向排成一列。排头的同学从老师这里抽取一个情绪事件,用非言语形式将这一事件及其引发的情绪传递给转过身来的排在第二的同学。第二名同学领会后,传递给第三名同学。依此类推,轮到的同学才能转身观看,已经传完的同学安静地观看同学们传递。最后一名同学重复自己所看到的动作,并说出这是要表达什么。一个小组在传递的时候,其他小组注意观察。看看哪个小组传递得最为准确。

活动结束后讨论:在情绪的表达和解读过程中,有哪些需要注意的地方?如何使我们的情绪表达更为准确?

_____

_____

【拓展学习】

梅 拉 宾 法 则

梅拉宾法则:美国加州大学洛杉矶分校的阿尔伯特·梅拉宾博士在1971年提出,一个人对他人的印象,约有7%取决于谈话的内容,辅助表达方法如语气等的作用占了38%,肢体动作的作用所占比例则高达55%。

对此,你有何感想?你认为在哪些情况下,非言语信息在人际沟通中起到了关键性的作用?你认为自己可以在日常的学习生活中如何运用这一法则?

_____

_____

身体语言的秘密

纪录片《身体语言的秘密》提出,姿态手势、面部表情和肢体动作构成了

93%的人际沟通,只有7%的沟通通过话语来实现。片中,研究非言语沟通的专家解构了有关肢体动作的录像,揭示出这些身体语言真正"说"了什么。细微的动作可用来游说大众、获取权力和提升职位,这是很多人都不知道的秘密。

　　《身体语言密码》是英国人际关系大师亚伦·皮斯及其团队潜心30年完成的著作。编者们通过查阅资料和整理分析,尽最大的努力将生活中常见的重要肢体语言展现给读者,并对面部表情,眼神,头部、肩部、手部、腿部、脚部动作,以及坐、立、走姿等的含义作了介绍。

　　请观赏影片和阅读书籍,思考自己在情绪表达和觉察方面可以借此进行哪些练习,从而提升相关能力。

【课外行动】

　　身体最诚实。每天,当你照镜子时,注意观察一下自己的表情和肢体语言,对自己露出发自内心的微笑,看看会有什么改变。

本课学习感悟整理

本课令我印象深刻的内容有:	学习中和学习后,我感到:
以后的学习生活中,我可以:	我有这样一些新的发现:

第6课　情绪的言语表达

....

【课前热身】

朝 三 暮 四

　　成语"朝三暮四"的故事出自《庄子·齐物论》,讲述了养猴人如何与猴子们协商调整食物数量的故事:

　　有一年碰上粮食欠收,养猴人需要缩减给猴子们的食物。于是养猴人对猴子们说:"现在粮食不够了,必须节约点吃。每天早晨吃三颗橡子,晚上吃四颗,怎么样?"

　　这群猴子听了非常生气,吵吵嚷嚷不干,它们说:"太少了! 怎么早晨吃的还没晚上多?"养猴人听了,连忙说:"那么每天早晨吃四颗,晚上吃三颗,怎么样?"

　　这群猴子听了都高兴起来,觉得早晨吃的比晚上多了,自己没有吃亏。

　　故事中养猴人跟猴子的协商中,其实分给猴子的橡子总数没变,只是采用了猴子更能接受的方案,猴子的态度就大为改观,这一点对于生活中如何与人沟通方面对我们有所启发。同样的意思,用不同的方式去说,表达效果可能大为不同。

　　试着列举出生活中类似的例子:你或其他人用不同的方式表达同样的意思,表达的效果却大为不同。

_____

_____

沟通与言语沟通技巧

沟通是人与人之间、群体与群体之间思想感情的相互传递和反馈的过程，目的通常是达成思想的一致或感情的相互理解。这种交互过程不仅包含口头言语和书面言语等言语信息，也包含目光接触、面部表情、身体动作、物质环境等非言语信息。

言语是人类特有的一种有效的沟通方式。言语沟通包括口头言语、书面言语、图片或者图形言语。

口头言语包括面对面的谈话、开会等。书面言语包括信函、广告和传真，以及电子邮件、手机短信等借助聊天软件和工具传递的信息。图片或图形言语包括照片、图画、幻灯片和电影等。

在信息、思想和情感这三种传递内容之中，言语沟通最擅长的是传递信息。

（选自《有效沟通（第 7 版）》，有删改。）

分成四人小组，讨论各自在日常生活中，分别有哪些比较常用或擅长的沟通技巧。

1. 怎样与他人沟通，能更有助于准确地传递信息和获得良好的人际关系？

2. 当个体处于某种强烈的情绪状态时，其人际沟通会受到什么影响？

3. 如何与使你产生不良情绪的对象进行有效、有益的沟通？

【课堂活动】

1. 你的情绪表达方式

请仔细回忆最近一次你的以下情绪体验(可以自行选择其中的一种或几种,也可补充其他情绪),想一想自己当时说了什么,怎么说的,做了什么,之后自己的情绪感受如何,周围的人有何反应,事件最后的结果如何。尝试总结出你的情绪表达习惯,比如是立即的、强烈的、指向外界的,还是延迟的、平缓的、指向个人内部的。

悲伤＿＿＿＿＿＿＿＿＿＿＿＿＿＿＿＿＿＿＿＿＿＿＿＿＿＿＿

恐惧＿＿＿＿＿＿＿＿＿＿＿＿＿＿＿＿＿＿＿＿＿＿＿＿＿＿＿

愤怒＿＿＿＿＿＿＿＿＿＿＿＿＿＿＿＿＿＿＿＿＿＿＿＿＿＿＿

愉快＿＿＿＿＿＿＿＿＿＿＿＿＿＿＿＿＿＿＿＿＿＿＿＿＿＿＿

惊讶＿＿＿＿＿＿＿＿＿＿＿＿＿＿＿＿＿＿＿＿＿＿＿＿＿＿＿

其他情绪,请自行补充:

＿＿＿＿＿＿＿＿＿＿＿＿＿＿＿＿＿＿＿＿＿＿＿＿＿＿＿＿＿

＿＿＿＿＿＿＿＿＿＿＿＿＿＿＿＿＿＿＿＿＿＿＿＿＿＿＿＿＿

＿＿＿＿＿＿＿＿＿＿＿＿＿＿＿＿＿＿＿＿＿＿＿＿＿＿＿＿＿

2. 积极有效的情绪表达方式

情绪的表达方式

请对比以下四种情绪表达方式,检视你习惯的情绪表达方式更接近于其中哪一种,尤其是当你不高兴、有负向的情绪体验时。

- 肯定式表达方式

例 子	"我很生气,因为你迟到了。下次请你准时到。如果你能做到,就会节省我很多时间,我们约定的事也能按时完成。我会非常感激你。"
公 式	自己的感觉+让自己有这样感觉的行为+自己希望的行为(解决问题的办法)+事先奖励或感谢对方配合的行为
效 果	若想建立长久的关系,这是最有效的表达方式

- 攻击式表达方式

例 子	"你不尊重我。你一点都不了解我!你根本没考虑过我的感受!"
公 式	你……+你……+你……
效 果	若想让对方即时或短期内改变行为,这是有效的沟通方式,但它对对方长久的行为改变和长久的关系建立,都是无效的,因为它会伤害对方,导致对方的不合作或者反击,这也是对方变得被动的主要原因之一

- 被动式表达方式

例 子	在对方面前,什么都不说
公 式	当面没有表现(不把想法告诉对方,哭给对方看,把感想写在日记里……)
效 果	它对对方即时或短期的行为改变和长久关系的建立,都是无效的,因为对方并不了解你的感受及其产生的原因,也没有得到抗议或制止,所以可能反复做出让你难过的举动

- 被动—攻击式表达方式

例 子	在对方面前,什么都不说
公 式	当面没有表现+背后或私下做出惩罚对方的行为(不把情况告诉对方,而是告诉可以惩罚对方的人;不告诉对方自己真实的感受,但通过做些对方不喜欢的事情来惩罚对方)
效 果	这对对方即时或短期的行为改变可能是有效的,但对对方长久的行为改变和长久关系的建立是极为无效的,对方可能因为不明就里而反复做出让你难过的事,而你的一再被动攻击,会导致你们双方都不舒服,关系也因此受损

你觉得哪一种表达方式更为有效？你更喜欢别人，比如你的父母、同学等，采用哪种方式对待你？思考之后进行讨论交流。

_____

_____

肯 定 式 表 达

肯定式表达方式是最受提倡的，因为这对对方的行为改变和双方长久关系的建立最为有益，同时也能帮助对方学会如何按照你想要的方式来对待你。

学习和练习使用肯定式表达：

以"父母要求你一定要考进班级前十，让你感到压力很大"为例：

✓　我的感觉：我觉得压力很大；

✓　导致这种感觉的行为：你们要求我一定要考进班级前十；

✓　解决问题的办法：以后如果能让我自己定目标就好了；

✓　事先奖励或感谢：如果你们能那样做，我就能更有把握地学习和考试，我也会很感谢你们的理解。

连起来说就是："我觉得压力很大，因为你们要求我一定要考进班级前十。以后如果能让我自己定目标就好了。如果你们能那样做，我就能更有把握地学习和考试，我也会很感谢你们的理解。"

对于以上示例，你有何感想？模仿例子，选取一件让你产生了不舒服的情绪（比如悲伤、生气等），让你想要跟对方沟通、使对方配合，从而让你更舒服的事情，尝试用肯定式表达去沟通，用实践检验其效果。

用自己习惯的方式来组织言语,可以先写下来,多读几遍,练顺口了,再去尝试。

我的感觉	
导致这种感觉的行为	
解决问题的办法	
事先奖励或感谢	
组合成通顺的话语	

【拓展学习】

有 话 好 好 说

电影《有话好好说》讲述了一个面对一系列突发的情绪事件,如何妥善地去表达情绪和解决问题的故事。

失恋青年赵小帅是名个体书商,他与女友安红分手后又想和好,对对方死缠烂打,不过此时,安红正与某娱乐公司的老板刘德龙恋爱。视彼此为情敌的赵小帅和刘德龙终于大打出手。

混乱之中,赵小帅抢过行人张秋生的背包,当武器抢打,结果将包内的电脑摔坏。赵小帅被打伤,他发誓要将刘德龙的一只手剁掉。张秋生为索赔电脑奔波于赵小帅与刘德龙之间,劝两人息事宁人,但赵小帅依然为报复刘德龙而努力寻找机会……

请观赏电影后分析：几位主角的情绪表达方式是什么？表达的效果如何？哪些表达方式比较有效？

_____

_____

你有过非常生气或处于某种急需发泄的强烈情绪中的经历吗？具体的起因、经过是怎样的？你是如何处理的？结果如何？如果能穿越时空，回到当时重新来过，你会如何处理？预计结果如何？

_____

_____

_____

讨论交流：生活中，当人们有某种强烈的情绪时，如何能做到更有效地表达，于己于人都有利？

_____

_____

【课外行动】

好言一句三冬暖。

如果要更好地用言语进行表达，可以先把自己要说的话写下来，组织通顺，力求符合肯定式表达的公式和自己总结的沟通技巧中的要点。

对着镜子多加练习，也可以找一个搭档帮助你练习。你的真诚和郑重，也会为你的表达加分。

本课学习感悟整理

本课令我印象深刻的内容有：	学习中和学习后,我感到：
以后的学习生活中,我可以：	我有这样一些新的发现：

第 7 课　情绪与沟通姿态

....

【课前热身】

萨提亚家庭系统治疗模式对情绪与沟通姿态的解读

维吉尼亚·萨提亚是美国当代著名的心理治疗大师,她创立的"家庭系统治疗模式"(以下简称"萨提亚模式")在全世界享有盛名,其主要理念和内容如下。

一、人生幸福的三要素

该模式认为,决定一个人幸福的三个要素是"健康"、"关系"和"财富"。一个人的人生是由各种各样的关系组成的,比如亲子关系、伴侣关系、手足关系、朋友关系、同学关系、同事关系、合作伙伴关系等。人在一生中大概会与三十到五十个人有比较亲密的关系,和他们的关系良性互利了,基本上人生就幸福了,相应地,较亲近的这三十到五十个人往往也是其人生中受到的最深的伤害的来源。通过学习和练习积极而有效的沟通,个体就能和这些人和谐、融洽地相处,从而使人生更幸福。

二、沟通是什么

沟通可以被理解为一种人与人之间思想或者情感的传递过程。从字面意思去理解,就是水要从沟里流过,一旦沟堵塞了,水就流不过去了,所以要疏通水沟,保持水沟里的水畅通无阻。双方信息交换的渠道畅通,人们就能顺利地交换彼此的信息,这样就能达到彼此交流的目的了。

三、萨提亚模式是什么

萨提亚模式倡导用心灵去体验与他人的沟通过程。

这一模式最大的特点是非常重视个体的自尊,强调提升个体的自尊,致力于改善人们沟通的方式,从而使沟通中的每个个体都更加"人性化"(更能活出自我,并与他人、环境和谐共存)。萨提亚模式帮助个体对自身及他人的生命形成更清楚、本真的认识——每一个生命都有其独一无二的成长历程,无论过去的成长经验带给个体什么样的感受和影响,它们都值得尊重。萨提亚模式的最终目标是希望帮助个体达到"身心整合、内外一致"的状态,从而最大限度地发挥个体的潜能。

四、萨提亚模式中的沟通三要素

萨提亚模式中,沟通有三个要素,分别是"自我"、"他人"和"情境"。

1. 自我:指的是个体自己,希望能达到个体内在的和谐,能够做自己的主人。

2. 他人:指的是与个体有关的其他人,希望个体能与他人关系和谐。

3. 情境:指的是个体所处的环境,主要是指个体的生活环境(如工作、家庭、社交场合等)和其中的人际系统(如单位人事、家庭关系、社会组织等),希望个体能达到周围的环境或制度等的要求,希望人际系统融洽,有凝聚力,或对每个成员有益,成员彼此关心、扶持。

从这三要素来看,萨提亚模式希望把专业、深邃的心理学运用到人们的日常生活中,让每一个个体都能主动改造自身所处的内在与外在的环境,与自己和他人、环境都相处融洽,处于一种温暖有力的心理支持氛围中,从而提升生命质量,达到更高的生命境界。

五、萨提亚模式对压力状态下的四种沟通模式的论述

萨提亚模式认为,人们的沟通方式并不是与生俱来的,而是在成长过程中通过不断模仿、学习、探索、获得反馈而得来的,尤其是从父母身上学习得来,然后不断运用,成为自己习惯化的模式。

通常,人们在压力状态下会采用以下四种沟通模式:讨好、指责、超理智、打岔。

1. 讨好

习惯于这种模式的人,大概占到人群的50%。

"讨好型"的人习惯于讨好别人,凡事总是先考虑他人的舒服、开心,为了符合环境的要求,不惜忽略或压抑自己的感受。而这些往往是为了回避压力或避免压力引发的后果而选择的"委曲求全"之计。

比较典型的表现有:

言语:"都是我的错","我不值得","你喜欢怎么样","没事没事"……祈求、恳求别人,以回避压力和不想要的后果。

感想:"我很渺小","我很无助","我一无是处","我觉得自己毫无价值"……

行为:言行举止过分和善,遇到人际压力,往往首先向他人道歉,请求宽恕、谅解,哀求与乞怜,主动让步。

可能造成的身心反应有:

心理反应:容易感受到或表现出神经

质、抑郁、自伤倾向。

躯体反应：消化道不适、胃部疾患、恶心呕吐，长期如此，可能会增加糖尿病、偏头痛、便秘等的患病概率。

2. 指责

习惯于这种模式的人，大概占到人群的30%。

"攻击型"的人习惯于攻击别人。与"讨好型"的人不同，"攻击型"的人往往只考虑自己和环境，只要自己舒服、符合环境要求即可，不考虑他人的感受，总是试图声明自己没有过错，让自己远离压力带来的威胁。

比较典型的表现有：

言语："都是你的错"，"你到底在搞什么"，"你从来都没做对过"，"要是你……那就……"，"我完全没有错"……

感想：对他人示威——"在这里我是权威"，但内心感到与他人隔绝，甚至会感到"我很孤单和失败"。

行为：指责、攻击、独裁、批评、吹毛求疵，往往看起来很有权威，身体僵直。

可能造成的身心反应有：

心理反应：常怀报复、捉弄、欺侮他人的心理，易激惹，暴躁易怒。

躯体反应：肌肉紧张、背部酸痛，长期如此，可能会增加循环系统障碍、高血压、关节炎、便秘、气喘等的患病概率。

3. 超理智

习惯于这种模式的人相对较少，大概占到人群的15%。

"超理智型"的人习惯于压抑自己和他人的感觉,只求符合情境要求,只讲大道理,而不顾及自己和他人的感受。这其实是在通过逃避现实中的所有感受,回避因压力产生的困扰和痛苦。

比较典型的表现有:

言语:"理论上讲","凡事要讲逻辑","一切都应按照科学依据","人非圣贤"……总是喜欢讲述客观的事实,引述规条和抽象的想法,使用冗长的解释、复杂的术语,避开个人切身的或情绪上的话题,很少提及个人的感受。

感想:"我感到空虚与隔绝","我不能露出任何感觉","无论如何,人一定要保持冷静、沉着,决不慌乱","一定要讲道理、讲科学"……

行为:总是表现得很优越,高高在上,威权十足,顽固,不愿变更,总是要求举止合理,操作固执刻板,身体僵硬。

可能造成的身心反应有:

心理反应:容易产生强迫心理,甚至在社交方面表现出退缩、故步自封。

躯体反应:内分泌紊乱,长期压抑、忽略感受可能会增加内分泌疾病、癌症、血液病、心脏病、胸背痛等的患病概率。

4. 打岔

习惯于这种模式的人更少,大概占到人群的 0.5%。

"打岔型"的人习惯于闪躲,总是避重就轻,对自己、他人和环境都不重视、不在乎。在沟通中,"打岔型"的人常常转移话题来分散焦点,不能专注在一件事上,尤其是避开与自己内心或在场所有人的情绪有关的话题,喜欢讲笑话、打断正在进行的话题,有时候词不达意、语无伦次。这些其实是其内心回避可能

的压力的表现。让别人在与自己沟通时分散注意力,也能减轻自己对压力的关注,企图让压力源和压力与自己保持距离。

比较典型的表现有:

言语:"我也不知道","我自己也说不清楚"……说话常常漫无主题,毫无逻辑,抓不到重点,随心所欲,东拉西扯。

感想:"没有人真正在意我的感受","这里根本没有我说话的分"……内心波动混乱,表现得满不在乎、心不在焉。

行为:身体会不断地动,不停地做小动作,或做出一些与话题无关的举动,忙东忙西,插嘴。

可能造成的身心反应有:

心理反应:常感觉不在状态、心态混乱。

躯体反应:有神经系统不适症状,长期如此,可能会增加胃病、眩晕、恶心、糖尿病、偏头痛、便秘等的患病概率。

六、萨提亚模式所提倡的沟通模式:一致性沟通

与压力状态下的四种不能达成自我、他人和情境相和谐的沟通姿态相对,萨提亚模式提出并倡导"一致性沟通"这种沟通模式。在这一沟通模式中,我们既能照顾到自己和他人的感受,又能照顾到情境对我们的要求,能够内外一致地表达自己真实的感想,又能讲求方式,与他人和环境和睦相处。我们把自己和他人、情境放在同等的位置,彼此尊重,因此也能作出最有利于彼此的选择。做到一致性沟通并不容易,需要学习和练习。

一致性沟通,典型的表现有:

言语:真诚地表达自己的感受、想法、期待、愿望等,包括令自己不喜欢、不开心的内容,开放而友善地聆听他人、表达自己、融入情境,尊重自己、他人与情

境三者。

感想：内心感受常常是平和的、宁静的、有爱心的、接纳自己与他人的、脚踏实地的。对自我的价值评价是高的，处于高自尊状态，认可自己是有价值的、能干的人，欣赏自己，为自己的独特性而感到庆幸，接纳生命的平等价值，从内心深处、生命的本源上与外界联结。

行为：常常表现为有活力的、有创造力的、有生命力的，自信，并表现出自己是能干的、负责任的、接纳的、有爱心的、平衡的。

个体能保持自我觉察，是为自己负责任的，开放的，同等关怀自己与他人、情境，并能加以统整，因此，个体的生理和心理状态也通常是健康的。

只有将沟通三要素——自己、他人和情境——都关顾到了，才是一致性沟通。忽略自己、只关注他人和情境是讨好，忽略他人、只关注自己和情境是指责，忽略自己和他人、只关注情境是超理智，忽略自己、他人和情境三者是打岔。

好比呼吸对于生命的重要性那样，沟通是维系个体的身心健康、建立满意的人际关系和促进个体充分发挥能力、创造力的关键。注意，只有一致性沟通才能在人际关系中引导出互相滋养和支持的关系，是最富有积极意义和价值的。

每个人自身都具备丰富的内在资源，都可以试着练习并更有创意地使用这些内在资源，让自己与他人的沟通变得更加具有"一致性"。

萨提亚模式中的一致性沟通，能带来萨提亚所描述的五种自由——

自由地看和听，来代替应该如何看、如何听；

自由地说出你的所感和所想，来代替应该如何说；

自由地感觉你的所感，来代替应该的感觉；

自由地要求你想要的，来代替总是等待对方允许；

自由地根据自己的想法去冒险，来代替总是选择安全妥当这一条路，不敢摇晃一下自己的船。

七、做到一致性沟通的四个步骤：

1. 体会自己的"五感"（五种感官，眼、耳、鼻、舌、身体的感受）——"当我看到、听到、闻到、尝到、体会到……"；

2. 表达自己的感受（喜、怒、哀、惧、惊、忧……）——"我感到……"；

3. 对感受进行解释——"那是因为……"，"这对我意味着……"；

4. 表达基于自己感受的想法，个体作了什么选择或决定（比如，是疏远、亲近，还是保持原来状态不变，或者作出一些新的尝试等）——"我决定……"，"我想试试……"。

这是初学者在学习和实践一致性沟通时可以因循的四个步骤，按部就班去练习，就会有很好的效果。

这四个步骤中比较难的是第二步"表达自己的感受"，在婴儿状态时，个体是开放的，自己的喜怒哀乐、吃喝拉撒，都被毫无顾忌、毫无掩饰地呈现。在上幼儿园直到小学低年级的比较早年的阶段，个体也多是愿意表达自己的感受的，今天开心不开心，生气什么难过什么，都会很自然地去跟父母说。

但随着年龄的增大，个体可能会慢慢疏远甚至压抑自己的感受，因为个体开始考虑直接表达自己内在感受的后果，为了避免不必要的压力，个体渐渐变得跟其他人只说事情，甚至只打招呼，而不直接表达感受。个体常常会言不由衷、相互误会、猜疑，又不即时、准确地表达自己真实的感想，进一步引发个体与他人之间的隔膜。这有时候是个体的一种自我保护，回避了某些可能的人际冲突，或者暂时节省了时间、精力。但习惯于压抑自己的内心真实感想之后，个体可能变得不再轻易表达真实的感受，而是戴着面具，包裹着厚厚的盔甲过日子。人与人之间的关系变得疏离和冷漠，相互的沟通多数是具有交际功能的虚情假意。对于不同的对象，个体或者讨好，或者指责，或者讲大道理、说些正确的废话，或者打岔回避。常常有人说活得太累，不是身体疲累，而是大脑超负荷运转，心累！

一致性沟通就是让人们练习恰当、自如地表达真实的感受,做真实的自己。前面四种压力状态下的沟通模式,不论表现形式如何,内在的自我价值都是偏低的,认为自己与他人不平等、力量不均衡,因此只能采用一些策略,来回避这种不对等、不均衡带来的压力。相反,如果人们都采用一致性沟通模式,在价值上认可自己不低于任何人,每个人都相互平等,就能真正做到既欣赏他人,也悦纳自己。这样的模式也最能长久地维持良好的人际关系。

如上所述,要如何调整自己的沟通模式,以尽量实现一致性沟通呢?

努力做到身心一致、内外一致:

1. 觉察自己、他人和情境,练习同时关注和了解自己、他人与情境的状态如何;

2. 当与他人接触时,尊重为先,全神贯注,认真投入;

3. 关注自己和他人的非言语信息,比如呼吸、动作、体态、表情等;

4. 观察和意识到自己和他人的防卫,当自己感觉到有压力时,观察自己和他人正在经历什么、有何表现,试着去跟对方核对,说出这种压力和防卫。

其实人之所以会形成各种沟通模式,是因为每一种模式都可能有其利的一面,给自己在某一阶段或某种情境下的人际交往带来过便利,也可能使个体形成某种优点,比如:习惯讨好的人往往很善良,很会照顾别人;习惯指责的人往往很自信,对自己做得好做得对很有信心;习惯超理智的人往往很理性,很擅长逻辑思维和分析整理思路;习惯打岔的人往往很灵活,反应很快,很幽默。

所以,要改变沟通模式的意思不是说要全盘否定自己已经形成的那些模式,而是能够觉察到自己正在使用的是哪种模式,并根据当时的情况,有针对性地试着添加一些当时这种模式所缺乏的东西,让自己更具"一致性"。比如:讨好时,也要觉察到自己的感受和需要,给自己机会表达和照顾自己;指责时,也要控制自己的情绪表达的强烈程度,考虑到受指责的人的感受,甚至向对方提出改善的建议;"超理智"时,也要清楚那只是理论上完美的情况,要考虑到双方都是活生生的人,人都有人性的弱点和不完美;打岔时,也要关注彼此要达成的目标是什么,有什么办法可以朝着共同的目标努力。

(以上内容为编者学习萨提亚家庭系统治疗模式的心得。)

【课堂活动】

1. 沟通姿态情景剧

分成四个小组,每组认领(分配、抽签或自选)一种压力状态下的沟通姿态(讨好、指责、超理智、打岔),结合自身经验,讨论这种沟通姿态常见的运用情境和表现。

根据讨论结果,编导一场五分钟以内的沟通姿态情景剧,展现发生了什么、当事人的沟通姿态如何。

准备好以后,各组轮流展示,每组表演完成之后,请其他小组补充这种沟通姿态还可能有哪些典型的表现。

在教师的辅助下,各组继续讨论,补充演绎如果换成一致性沟通方式,这些情境会引发怎样的表现。

2. 自己的沟通姿态

根据你的理解,想一想自己在生活中较常使用的沟通姿态有哪些,然后根据熟悉程度,给五种沟通姿态(讨好、指责、超理智、打岔、一致性)排序,最熟悉、最常使用的排在最前面,最少使用的排在最后。试着描述一下,在什么场景或情况下,或者在跟谁的交往中,你会较常使用这些沟通姿态。

(1) _____

(2) _____

(3) _____

（4）_____

（5）_____

你有何感想？思考一下：在自己家里或身边的朋友中，比较常见的沟通姿态有哪些？你和他们之间的互动如何？

_____

_____

萨提亚模式对自我认识的"冰山"比喻

萨提亚模式为人们提供了认识自我的一种层次清晰的视角。它认为，一个

行为

水平面　　　　　　　　　　　　　沟通方式、
　　　　　　　　　　　　　　　　　应对姿态
感受
（喜悦、兴奋、愤怒、恐惧、悲伤、惊讶、担忧等）

对感受的感受
（对于感受的决定，比如：我为自己的愤怒感到懊恼）

观点
（信念，假设，预设的立场，主观的现实，认知）

期待
（对自己的期待，对他人的期待，他人对自己的期待）

渴望
（被爱、被接纳、被认同，我是可爱的、有意义的、有价值的）

最本原的自我
（生命本原的生命力、精神、灵性，生命的核心和本质）

人的自我,就像漂浮在水面的一座冰山一样,人们在人际互动中能看到的,往往只是浮在水面以上的个体的外显行为,而自我中更大的一部分,即个体的内在世界,却藏在水面以下,不为他人所见。

萨提亚模式认为,每个人的自我认识中能够被外界看到的行为表现或应对方式,即露在水面上的,只是自我的一小部分,大约只有八分之一,另外的八分之七与水面持平或藏在水下。与水面持平、连接水平面上下部分、能帮助我们分析思考"内在"的,就是个体所采用的沟通方式和应对姿态。而暗藏在水面之下更大的山体,指的是可能长期被压抑并被个体忽略的"内在"。这些"内在"包括个体的感受、对感受的感受(个体对自己感受的决定)、观点、期待、渴望和最本原的自我。揭开水下冰山的秘密,会看到每个人生命中的渴望、期待、观点和感受,认识到真正的自我。

萨提亚模式认为,沟通方式和应对姿态是连结个体的内心感受、需求、期待、渴望和外界环境、资源条件的纽带,反映了个体的内心世界与外在世界的关系,体现了个体经过不断成长学习而积累下来的情绪反应模式。个体的情绪背后藏着的,是对事件的观点,也就是对他人、情境和自我的评判。这些观点导致个体产生不同的情绪,采用不同的沟通方式。而这些观点背后,是个体对自己和他人、情境的期待与渴望。最深的一个层次,是生命的核心和本质,也就是生命力,在这个层次,每一个人都是平等而相互关联着的。

萨提亚模式还指出,当个体感受到某种情绪时,其实是因为当前的人、事或情境,触动了个体内心潜藏的期待和渴望,这种期待和渴望是否被满足、满足的程度如何,会影响情绪。如果个体能觉察到自己的情绪和反应模式,意识到自己产生了一种什么反应,就能找出其背后的观点,解读自己内心的期待和渴望,从而找到更加有利于自己、他人和情境的情绪表达方式,以及实现期待、渴望的途径。

亲密关系中情绪表达的艺术

《愤怒之舞》是美国最受尊敬的女性心理学家之一哈丽特·勒纳博士的经

典著作。她以女性心理与家庭关系方面的研究见长,拥有三十余年的心理治疗和家庭治疗经验。

该书帮助数百万读者尝试找到自我,赋予了人们重塑生活的建设性力量。

在关系中,你可能会被某些场景激怒,比如与父母的交谈总是不欢而散,不是被指责,就是被教育,永远不能好好谈心,又比如同屋的室友不管公共区域的卫生,你总是最后收拾烂摊子的那一个,或者在合作中,伙伴们玩得潇洒,做"甩手掌柜",你却要加班加点,一个人完成小组的作业。

面对以上场景,有的人选择压抑自己的情绪,讨好他人,换取一段看似和谐的关系,有的人坚持原则,为自己争取,而与他人爆发冲突,关系出现裂痕乃至无法修补——这些做法,都不能建立长久而互相受益的健康关系。

在任何关系尤其是亲密关系中,愤怒都是最重要的情绪信号。它暗示着自己的界限被侵犯了,自己的需求没有得到满足,没有处理好生活中重要的情感问题,这也许是因为自己为他人作出了过多的让步,也许是因为他人的干扰影响了自己的进步与成长。

如果关系中的双方,总是因为一件事情反复争吵而没有改变,就有可能为了避免冲突而不断妥协,进而"忘记"自我的需求,或者被突如其来的情绪蒙蔽双眼而不再关注眼前的问题本身,这些都是常见的亲密关系中情绪的不合理表达的例子。

这本书尝试教人们正视情绪,合理表达愤怒,并能利用情绪的力量得到自省和成长,解决问题,改善关系。好脾气不是最终目的,拥有自我才能拥有关系。

....

【课外行动】

越是亲密的人,越是容易被随意对待,因为人们更有安全感。有时候人们大声吼叫,是因为心隔得远了。

　　尝试分析各种文学作品、影视作品里人们的沟通姿态,练习对情绪表达方式的觉察。当你变得越来越熟练之后,可以在自己和身边的人身上继续练习。发现了不同的沟通姿态以后,你就有机会作出选择。

本课学习感悟整理

本课令我印象深刻的内容有:	学习中和学习后,我感到:
以后的学习生活中,我可以:	我有这样一些新的发现:

第8课 家庭情绪剧场

....

【课前热身】

　　"原生家庭"指的是由个体及其父母组成的家庭,也就是自己出生并最初成长的家庭,这时候个体还没有独立出去或组建新的家庭。在原生家庭中,主要的关系就是父母和子女的关系。

　　原生家庭中,个体在父母的影响下成长,家庭的氛围、家庭传统的传承、家庭成员之间的关系和情绪表达、沟通模式等,都对个体产生重要的影响。这些影响有正面、积极的,也有负面、消极的。比如在要求严格的家庭中长大的个体,可能对自己要求也比较严格,因此比较上进、优秀,但也可能对他人苛刻、追求完美、精于计较等,导致自己辛苦和人际关系紧张。这种影响尤其会表现在亲密关系中,比如亲密好友、恋爱双方乃至夫妻之间的相处,都可能受到原生家庭的影响,个体会带来原生家庭中彼此照顾、关爱、支持的相处方式,也可能会带着成长中未完成的期待、未满足的需要等情感的"包袱"。有时候,个体甚至不一定能意识到,自己之所以会这样对待身边亲近的人,不是因为当前彼此的互动,而是因为各自带着原生家庭的影响。

　　因此,成年后的个体,如果能更加清楚地认识到原生家庭对自己的各种影响,并加以管理和再选择,就能尽可能地将好的影响带入自己成年后的生活以及新建立的家庭,同时避免带入原生家庭的负面影响。

　　请查找一些关于原生家庭对个体的影响的图文资料、研究论述,或者关于家庭对孩子的影响的视频资料,分享交流后,讨论原生家庭对自己产生的影响。

　　1. 你的爸爸妈妈是什么样的人？你跟他们有哪些相同点和不同点？

　　_____

　　_____

　　2. 在什么时候,你会突然意识到,你很像你的爸爸或妈妈？请列举一两个事例,试着与好友交流,谈谈自己对此的感想。

　　_____

　　_____

　　3. 你认为原生家庭对个体的影响主要有哪些？其中哪些相对容易改变,哪些不容易？为什么？

　　_____

　　_____

....

【课堂活动】

1. 家庭情绪剧场

　　学生分为六人小组,每组设有"爸爸"、"妈妈"、"孩子"三种角色,每种角色由两个人扮演,其中一个人扮演角色本身,另一个人扮演角色的内心活动。

　　每组通过抽签得到一种问题情境(教师事先组织学生讨论并准备"家庭成员有强烈的负面情绪体验、可能存在沟通问题的家庭情境"),学生根据第 7 课学习的沟通姿态进行讨论和排练,由扮演角色本身的三名同学先表演该问题情境,再由扮演角色内心活动的三名同学轮流表演角色的内心感受、想法和需求等。

表演结束,讨论当家庭生活中发生引发强烈情绪的事件时,各角色的情绪反应模式是什么,它们如何相互影响,进而改变角色间下一步的互动。

第一轮演出和探讨完成后,每组按照一致性沟通方式,续编情绪剧,兼顾各角色的需求、感受和所处的情境,作出对彼此有益的选择和表现。

_____

_____

2. 基本家庭关系图

学生在教师的指导下,完成自己的基本家庭关系图,分析家庭如何影响自己的情绪反应模式和人际沟通模式。

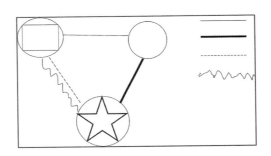

圆形代表女性,圆中有方形代表男性,女性或男性的图形中间加五角星形代表本图的主角(即画图者本人),画出父亲、母亲和自己这三个家庭成员构成的基本三角。

在每个家庭成员的旁边,写上该家庭成员的基本信息:在家庭中的身份(父亲、母亲、子女)、姓名、年龄、职业。完成后,分别再补充每个家庭成员的性格特点,尤其是情绪反应、人际沟通的习惯等,比如开朗、善良、内敛、热情、敏感、易怒、暴躁、软弱……可以列举每位成员各三个正面积极的特点、三个负面消极的特点(正面积极与负面消极,完全视画图者自己的感受而定,比如"敏感"可能是正面的,也可能是负面的)。

用合适的线段连结家庭成员,展示家庭成员间的关系:

直的一般粗细的线段代表成员之间关系正常,彼此尊重、接纳,可能偶有不愉快,但总的来说相处融洽;直的加粗的线段代表成员之间的关系复杂,虽然交好但过于紧密,以至于有时候难分彼此,都觉得自己部分在"为对方而活",相互纠缠,因此时常感到有包袱、压力,却难以摆脱,不能作为两个相互独立的完整的个体存在;虚线代表成员之间的关系疏远,可能长期不住在一起,或者即使住在一起也存有嫌隙、隔膜,彼此疏离,鲜有交流;曲折的线段代表成员之间关系紧张,有矛盾、冲突,常常发生争执甚至剧烈冲突,彼此交恶。

　　请思考你的家庭成员的特点和彼此间的关系,尤其是对你影响最深的、时间最久的关系状态是什么样的,再画出你的基本家庭关系图。

【拓展学习】

早　　熟

　　香港电影《早熟》讲述了来自两个截然不同的家庭的早熟的年轻人,因偶然的机会相识相爱，又都因与父母的沟通不畅而离家出走，两个家庭的成员之间都有情绪表达和沟通方式方面的问题，冲突、碰撞激烈。电影清楚地展示了原生家庭的情绪反应、沟通模式如何影响每一个家庭成员的选择和他们彼此之间的关系。

出生于草根家庭的家富，父亲是小巴司机，母亲是酒楼的接待员。他虽然家境不那么富足，却享受到了家庭的温暖，父母对他都十分关心。居住在狭小的屋子中，一家人相互扶持，只是父亲工作劳累，管教儿子的方式相对简单粗暴，而母亲则比较溺爱儿子。

一次，家富跟着同学出去玩，到了一所知名女校，无意间看到了若男，随后假扮名校学生到该女校联谊，结识了若男。

若男的父亲是一名大律师，母亲是公益积极分子，家境优渥。父母一直都对若男严加管教，但因为事务繁忙，很少陪伴女儿，由管家和佣人照顾若男。若男遇到了好动淳朴的家富后，很快便被他吸引了。在若男 18 岁生日当晚，他们到郊外露营，偷吃了禁果。

若男因此怀孕。若男发现自己怀孕后，便与家富商量要去做人流手术，但到了手术的地方，看到那些恐怖的手术工具后，若男感到很恐慌，于是放弃了手术。被父母发现与"不三不四"的人来往且行为不当后，若男受到父母严厉的责备，她与父母大吵一架后，决定躲到好友乡下废弃的祖屋里，直到把孩子生下来。

家富不敢告诉父母若男怀孕的事，为了照顾若男，他也离家出走。独自生活后，家富才发现要供养一个家庭真的不容易。在残酷的现实生活和自己有限的能力的冲突面前，家富和若男的情绪反应方式和压力应对模式都有很大区别，这影响到他们之间的沟通，两人开始有了分歧。

家富的父母好不容易通过家富的朋友找到了两人，他们却害怕要被迫放弃孩子而拔腿就跑，在后面苦苦追赶的家富的父母终于被激发，说出了自己对孩子的心声，唤回了两个孩子。可是若男的父亲却坚持要起诉家富侵害未成年少女。看着刚刚出生的尚未足月的外孙，他是否会手下留情呢？

两个家庭如何在亲情的感召下，调整自己的情绪反应和沟通模式，从而获得成长?

请观赏影片,讨论两个家庭有什么不同,家庭成员之间的关系和沟通模式如何。试着为这两个家庭画一下基本家庭关系图,分析两个年轻人为何会做出如此"早熟"的举动。

_____

_____

家富的基本家庭关系图

若男的基本家庭关系图

_____

_____

爱的五种语言

《爱的五种语言》的作者是美国心理学者盖瑞·查普曼,书中介绍了如何处理与朋友、邻居、配偶、小孩、同事……乃至所有人的人际关系。作者提出了跟亲近的人相处的五种"表达爱的语言",值得参考:

1. 肯定的言词

心理学家威廉·詹姆斯说过,人类最深的需要,就是感觉被人欣赏。那些安全感低、有自卑情绪的人在缺少安全感时,就会缺少勇气。而这时,如果能给他们一些鼓励的话语,往往会激发出对方极大的潜力。

2. 精心的时刻

什么是精心的时刻?答案是:"给予对方全部的注意力。"你是否留意过,恋人和夫妇一起用餐时的状态非常不同:前者彼此注目,后者则东张西望。所以,"精心的时刻"必须是双方都全神贯注、全心投入的时刻。此时的活动内容其实是次要的,重要的是花时间"锁定"在对方身上的情感。

3. 赠送礼物

礼物是爱的视觉象征。它可以是买来的、自己做的或是找到的。礼物是一件向对方显示"我在乎你"的东西,事实上,这也是最容易学习的爱的语言之一。注意,重要的是礼物代表的心意,因此,在准备礼物时,要充分考虑对方的需要、自身的资源和彼此的关系。

4. 服务的行动

这是指做一些对方希望你为他或她做的事,你为他或她提供所需要的服务,使他或她感到高兴、满足,比如孩子帮助父母做一些家务、给父母按摩等,表达对父母的感情。

5. 身体的接触

身体接触是人类感情沟通的一种微妙方式,也是表达爱的有力工具。双方都觉得合适的拍肩、摸头、牵手、拥抱等,都属于"身体的接触"这种爱的语言。对有些人来说,身体的接触甚至是他们最主要的爱的语言,缺少了它,他们就感觉不到爱。

需要注意的是,如果你伤害过你的伙伴,比如使用过轻微的暴力,一定要请求对方的宽恕。另外,一定要和对方核对,确认对方期待的适当的身体接触是哪一种。

萨提亚家庭系统治疗模式

请根据自己的基础和需要,选读萨提亚模式的相关著作,深入了解家庭系统对于个人成长和生命质量的影响,以及改变情绪反应和沟通模式的相关理念和技术,尝试其中的一些简单的练习,比如萨提亚模式的冥想,来改善对自己、他人、这个世界的认识及彼此的关系。

【课外行动】

有时候,你不喜欢别人,可能是因为他们像你不能接纳的自己。试着在人际交往中,多练习如何先进行对自我的反思和觉察。

　　每当你要为达成某个目标作决定时,试着给自己至少三个选项,想一想怎样的选择是对自己、他人和情境都更有益的。

本课学习感悟整理

本课令我印象深刻的内容有:	学习中和学习后,我感到:
以后的学习生活中,我可以:	我有这样一些新的发现:

第 3 章　情绪调节密码

　　请试着想象自己是沐浴在春天温暖的阳光里的一朵花，你把自己的花瓣聚拢，紧紧包裹着你的脸。这样就算你还能看到外面，你也只能看到一点点的光线。你难以欣赏发生在你身边的事情。不过，当你试着放松一点，去感受阳光的温暖，情况就变了。你开始变得柔软。你的花瓣放松，并开始向外伸展，让你的脸露了出来，阳光和春风扑面而来。随着你的开放，你看到的事物越来越多，越来越清晰。你的世界在清楚地扩展着，生命的可能性也在不断增加。

　　你的积极情绪就如同那使得花儿盛开的灿烂阳光一样，只要你张开双臂去拥抱它，它就会给你的人生带来更多的可能性。

第9课　积极情绪与消极情绪

情绪的魔法

完全相同的温暖阳光,完全相同的忙碌清晨,一个"你"满是疲惫、懊恼、挫败和敌意,而另一个"你"则欢欣、体贴、高效并充满活力,这究竟是怎样的魔法?

场　景　一

阳光透过窗帘照进卧室,将你从一夜断断续续的睡眠中唤醒。在连续多日的阴雨天后,你很开心又看到了湛蓝的天空。然而你很快意识到闹钟没响,你很失望,因为你本打算起得更早,以便在开始早上例行的安排之前给自己一些额外的时间。时候不早了,你决定放弃原定的晨练计划而在床上写会儿日记。你写道:

"真不敢相信,我因为忘记设闹钟而又让自己失望了。如果连这么简单的事都做不好,我又怎么能把握好我的每一天(和我的生活)?! 没有晨练,我今天一整天都会没精打采,唉。我最好先把注意力集中在记日记的原因上:思考我的重大目标,并把它们和我每天所做的事情联系起来。但这个方法确实有效吗? 它值得我花掉本可以用来睡觉的时间吗? 对于这点额外的时间,我真正应该做的是回复那些紧急的邮件,或是检查一下我那冗长的任务清单。我的稿子是不是已经超过了 deadline 了？另外，我写了一半的稿子放哪里了？……"

糟糕的一天就这样开始了。

场 景 二

你在穿透卧室窗帘的晨光中醒来，感觉睡得很好，精力充沛。这时你意识到闹钟没响。你因为没能如预期的那样早起而有些失望，因为这意味着你不能在开始一天的例行安排之前给自己一些额外的时间。你看看窗外，想：算了，至少天气看起来还不错。失望的情绪渐渐消失了。还有一点点时间，你决定跳过你的晨练计划，直接开始写日记。你写道：

"我的身体肯定知道我睡过头了，所以让我醒过来以便让我能处理好自己的事情。我得发挥一下创意，把今天的锻炼安排进来……我知道了，我可以在中午休息的时候去公园里劲走。这本新的日记对我来说确实很重要。它给了我内省的空间，使我觉察我生活中的哪些方面运作良好，使我为自己所拥有的一切心怀感激。它帮助我将注意力集中在我的重大目标上。我的目标是，在工作中作出贡献，并能更好地照顾我的家庭。让我用接下来的十分钟安排好今天的工作……"

充实而忙碌的一天开始了。

相信聪明的你已经发现了，以上两个场景中的事实部分是一样的，都是早上醒来时发现闹钟没响，但主角的感想和反应则很不相同。这是因为什么呢？很显然主角的情绪状态是不一样的。当我们处于不同的情绪状态时，对于同样的事实，我们的反应可能完全不同，从而导致或积极或消极的结果。你的生活中是否也有类似的例子？与同学们交流一下。

消极情绪让人类得以活到今天，积极情绪让人类活得更好

积极情绪主要是指积极的心理状态，是个体对待自身、他人或事物的积极、正向、稳定的心理倾向，它是一种良性的、建设性的心理准备状态。积极情绪与消极情绪是相对而言的，消极情绪是指在某种具体行为中，受外因或内因影响而产生的不利于个体继续完成工作或者正常的思考的态度或状态。

了解一点有关情绪的历史，有助于理解积极情绪和消极情绪的意义。科学家们试图通过这样的一个假设来解答关于积极情绪的难解之谜，即：所有的情绪，不管是积极的还是消极的，是否都对人类的祖先意义重大，因为它们为特定的行为生产驱动力？科学家认为，情绪触发了"特定行为倾向"。比如，恐惧的感觉与逃跑的冲动相联系，愤怒驱动攻击，厌恶导致排斥，等等。

蕴含在这个理论中的一个核心理念是，正是由于人类的祖先在感受到特定的情绪时，会有这些特定的行为模式涌现在脑海中，情绪才会对人类这样的物种意义重大。这些行为一次又一次以最有效的方式，将人类的祖先们在生死关头拯救出来。换言之，当发现了觅食中的老虎狮子时，那些因为害怕而逃跑了的人才能够避免被吃掉。生存是关键，因为如果一个早期的人类没有能存活下来并生养孩子，他就不会成为人类祖先中的一员。

另一个核心理念是，特定行为倾向"体现"情绪。在这些冲动对人类意识思维加以压制的同时，它们也引发了人类身体的迅速变化来支持某些行为。现在，想象一个明确而迫切的危险。比如，一辆汽车失去了控制，正加速冲向你。或者，当你正在银行里的长龙中排队时，一群持枪的蒙面人闯入，并封锁了大门。当你看到危险临近时，你不仅感受到强烈的要逃生的冲动，并且在毫秒之内，你的心血管系统会调动身体部署，将含氧的血液迅速输入你的肌肉，让你做好随时逃跑的准备，你的肾上腺素也会释放更多的皮质醇，通过提高你血液中的葡萄糖含量而调动更多的能量。伴随着恐惧感而来的逃跑冲动，并不仅仅在你的脑袋里盘旋萦绕，它被"注入"了你的整个身体，你的全部生命。

"特定行为倾向"的概念作出了两项重要的科学贡献。首先,关于这些冲动帮助人类的祖先在遭遇生命威胁时迅速、果断地行动这个问题,它解释了自然选择的力量如何塑造情绪并将其保存为人类本能。其次,它解释了为什么情绪可以通过主导一系列的生理变化,影响人类的思想和身体。

但是,当科学家们试图为积极情绪确定特定行为倾向时,麻烦来了。一个科学家将喜悦与做任何事情的倾向相联系,其他人就会将宁静与什么都不做相联系。然而,这些行为倾向远不如对抗、逃跑或是蔑视那样具有特异性。更重要的是,与消极情绪带来的生理变化相比,随着积极情绪而来的生理变化宛若无物。将消极情绪的价值解释得如此之好的理论模型,积极情绪却根本无法套用。鉴于这些情况,"积极情绪好在哪里"这个问题激起了科学家们极大的好奇。

为了攻克这个难题,并进一步了解其他关于积极情绪的有趣特征,芭芭拉·弗雷德里克森在20世纪90年代创立了积极情绪的扩展和建构理论,来破解积极情绪之谜。她提出,与消极情绪限制人类的思想和创造性不同,积极情绪扩展人类关于可采取的行动的想法,拓展人类对于常规之外更广泛的思想和行为的意识。例如,喜悦会激发出人类探索和发挥创造性的冲动,而宁静则激发出人类品味当前情境、把自己融入周围世界的冲动。

积极情绪启迪人类。关于积极情绪的第一个核心真相是,积极情绪使人类敞开心灵和头脑,使人更富有创造性。

积极情绪和消极情绪在不同的时间尺度上发挥作用。在人类的祖先遭遇生存威胁时,消极情绪引起的狭隘的心理定向具有某种程度的价值,而积极情绪所激发的扩展的心理定向,则以不同的方式,在更长的时间尺度上,对人类产生重要影响。扩展的心理定向意义重大,因为随着时间的推移,这种宽广的思维意识有助于人类祖先建构资源,促进他们在财产、能力等方面不断发展。这些新资源也使人类的祖先更擅长处理一些不可避免的生存威胁。

积极情绪让人类变得更好。这是关于积极情绪的第二个核心真相。通过开放人类的心灵和思想,积极情绪使人类能够发现和建构新的技能、新的关系、新的知识和新的生存方式。

　　设想你正对一个新朋友、新地方或新东西产生极大兴趣,这时候你会感受到强烈的吸引。你的心理定向是开放而好奇的,它引导着你去探索。科学家已经证明,由于积极和开放的心理定向引发人类进行探索和学习,它们实际上也制造出人类关于世界更精确的心理地图。这意味着,与你感到消沉和被排斥(甚至只是既不积极也不消极或者两者兼有的中性情绪)时不同,当你感觉乐观向上和兴致勃勃时,你会了解到更多的信息,你的好奇心还会令你不断探索新知,而消极情绪(甚至中性情绪)则让你畏缩不前,限制了你对世界的体验,因此也限制了你关于世界的知识。积极情绪正好相反。它引导你去探索,以意想不到的方式让你与世界融为一体。你每做一件事,都会学到一些东西。这些知识方面的收获可能在今天还没有显露出来,但它们将来会有用,并且在某些情况下,它们可能就是你的救星。

　　良好感觉的迸发,促使远古的人类在他们感到安全和满足的时候进行扩展和建构。顺应这种牵引力的人,对于未来的性命威胁,做好了更充分的幸存准备。而没能实现顺应的那些人,则进展得不够好。几千年来,自然选择塑造了人类祖先体验积极情绪的能力,创造了现代人类体验积极情绪的形式。

(选自《积极情绪的力量》,有删改。)

....

【课堂活动】

1. 情绪排排队

　　教师在教室中标记出积极情绪、消极情绪和中性情绪三块区域。师生共同搜集整理生活中常见的激发情绪的事件和情绪体验,逐一写在空白卡片上,制作成情绪卡片。

　　教师依次出示卡片,学生判断这一卡片会激发或属于积极情绪、消极情绪和中性情绪中的哪一种,站到那种情绪所对应的区域。

　　比较学生的判断有哪些异同,判断哪些卡片比较容易达成共识,而哪些分歧较大,讨论原因。

---

2. 情绪饼图

　　记录你最近一周的重要情绪体验,记录其触发事件、你的想法和情绪反应,并将其归入积极情绪、消极情绪或中性情绪中。

　　一周记录完成之后,根据你的记录和分类,分析积极情绪、消极情绪及中性情绪各占多少,绘制你过去一周的情绪饼图。

　　你对自己的情绪饼图有何感想? 是否感到满意?

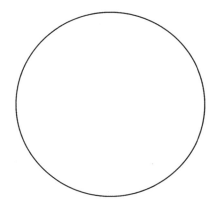

　　如果要你绘制一张理想的情绪饼图,你打算如何分配各类情绪的比例? 为达成这一比例,你可以作哪些调整或改变?

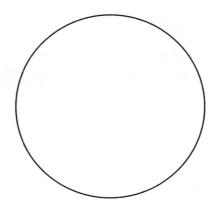

"好好先生"的选择

电影《好好先生》讲述了一个通过改变情绪而改变人生的故事。主角是已过而立之年的卡尔·阿伦,他虽然衣食无忧,但他的人生可谓失败透顶。卡尔三年前和妻子离婚,之后一直过着单身生活。他在银行工作,基本处于得过且过、升迁无望的状态。生活中,他不愿意跟其他人交往,总是窝在家里看电影,整个人生仿佛被灰色的浓雾所笼罩。

在朋友的建议下,卡尔到一家名为"好好先生"的机构作咨询,在咨询师泰伦斯的指引下,他尝试对生活中每一个问题都以肯定的方式回答。这一小小的改变令卡尔的人生发生天翻地覆的变化,荣誉、金钱、机遇、爱情接踵而来,正当他信心满满要成为人生的大赢家之时,却发现人生并非如此简单……

请观赏影片,观察、记录主角接受咨询建议后作出了哪些改变,他的生活由此产生了什么不同。

_____

_____

现实生活中,这样奇迹般简单的改变秘诀可能会带来怎样的效果?

_____

_____

如何才能产生真正的积极情绪,从而改善现实生活?

_____

_____

音 乐 与 情 绪

音乐,是一种艺术,也是一种社会意识形态,反映的是人类在社会生活中的思想感情,通过节奏、旋律、和声、音色等的有机组合感染人们。人们常说,音乐可以陶冶情操、净化心灵,这是和音乐美妙的特性以及人们对音乐的心理感知分不开的。人们对音乐的感知、理解与欣赏,是通过一系列特定的心理活动来完成的,而音乐主要以潜移默化的方式,通过欣赏者的心理活动来发挥其社会功能。

音乐是一种表现和激发感情的艺术,欣赏音乐的过程也就是体验感情的过程。音乐欣赏是极富想象力和创造力的,它可以使人超越一切现实的束缚。人们在现实世界里可能会有种种烦恼、忧虑、不愉快,可能会感到自己的渺小与无助,而音乐却能让人们在欣赏的过程中感到"超然物外"、放飞身心,帮助人们调节客观现实与主观感想之间的矛盾,帮助人们恢复心理的平衡状态,使人们在音乐声中融入浩渺的宇宙,与大自然融为一体。音乐还能表现激烈的冲突,表现人与命运的搏斗过程,表现其中的困难、挑战以及人们的努力、抗争、坚持等,帮助人们排遣心底的痛苦和忧伤。因此,通过欣赏音乐,人们不仅能缓解甚至解除苦恼,而且能够冲破现实的惯性和束缚,插上想象的翅膀,激发出巨大的创造力和潜能。

音乐能影响人的情绪,这一点也体现在人的生理反应上。轻松欢快的音乐使大脑及整个神经系统的功能得到改善。节奏明快的音乐能使人精神焕发,从而消除疲劳;旋律优美的音乐能使人安定情绪,集中注意力,增强生活情趣,有利于维持人的身心健康状态。很明显,音乐对人的精神、情绪状态可以产生重大的影响。有相关的研究表明,于身心有益的音乐既能协助消除人的不良情绪体验,也能扩大人所能感受、觉知的知觉领域,还能活化或深化欣赏音乐的过程中的思维活动。日常生活中,人们常常运用音乐来进行自我状态的调节。

试着多运用音乐来调节情绪,这意味着要多参加音乐活动,比如唱歌、聆听乐曲、演奏乐器等。无论从事什么样的音乐活动,都可以体验到音乐的魅力,受到音乐的感染。唱歌可以使人精神振奋,从而排解郁闷、舒畅心情,即使是浅唱低吟,也可能使人心头的郁闷一扫而空。演奏乐器需要专注地学习、接受教导和勤加练习,通过演奏甚至创作乐曲,可以抒发情感、完善性情、提升素质。至于听音乐,则是每个人日常都可以多尝试的,也可以试着通过学习和练习提升自己的音乐鉴赏水平。听得越多,鉴赏水平越高,就越能够体会音乐的优美精妙,就越容易受到音乐的感染,从而陶冶情操。

尝试寻找一些可以让你产生不同情绪体验的音乐,在音乐中体会情绪的变化,并试着用音乐来协助自己调节情绪感受。

【课外行动】

消极情绪让人类得以活到今天,积极情绪让人类活得更好。

无论是积极还是消极的情绪,练习把它们作为客体来认识,把自己和情绪分离开来,好像打开"上帝视角"。你和你的情绪,好像一对熟悉的朋友,试着去认识情绪,了解和熟悉它的特点、规律,和自己的情绪做朋友。

本课学习感悟整理

本课令我印象深刻的内容有:	学习中和学习后,我感到:
以后的学习生活中,我可以:	我有这样一些新的发现:

第 10 课　理智胜过情感

为国王解梦

从前有个国王,有一天晚上他做了个梦,梦见"山倒了,水干了,花也谢了"。

他让王后为他解梦,王后说:"不好了,不好了! 山倒了是你的江山不保了;水干了是民心散了,民众不再拥护你了;花谢了就是好景不长了!"

国王听了,惊出一身冷汗,从此一病不起。

后来,有个大臣来病榻前探望国王,询问国王因何事病倒,知道原因后,大臣对国王的梦给出了另外一番解释,国王听后立刻就病愈了。

你知道大臣是怎么解释的吗?

"山倒了"是指:

_____

"水枯了"是指:

_____

"花谢了"是指:

_____

关于调节情绪,以上的故事给你什么样的启发? 跟同学交流一下,生活中还有哪些类似的例子。

认 知 疗 法

认知疗法产生于二十世纪六七十年代的美国。认知疗法是根据"人的认知过程会影响其情绪和行为"的理论假设,通过认知和行为技术来改变当事人的不良认知,从而矫正和改善其不良行为和情绪反应的心理治疗方法。

认知疗法的基本观点是:"认知过程及认知过程中产生的错误观念,是刺激事件和行为、情绪情感之间的中介,对刺激适应不良的行为和情绪情感,与对刺激适应不良的认知有关。"在治疗过程中,"认知重建"是认知疗法最为关键的技术。

这种改变人的认识和观念的治疗思想,起源于古希腊哲学家苏格拉底的"反诘法":"从你说出你自己的观点开始,依照这种观点进行进一步的推理,最后引出矛盾和谬误,从而使你认识到先前思想不合理的地方,并由你自己加以改变。"

二十世纪,另一名哲学家维特根斯坦提出了"语言分析哲学",目的就是要改变当时哲学领域中语词不清、概念混乱的局面。实际上,这是一种更为严密的揭示并纠正错误思想的方法。

自从十九世纪末心理学从哲学范畴中独立出来,心理学的理论也有了飞速的发展,先后经历了精神分析和行为主义心理学占统治地位的时期,而到了二十世纪六七十年代,人本主义心理学和认知心理学的兴起则是继精神分析和行为主义之后的第三股力量。

认知疗法正是在这种背景下发展起来的一种系统的心理咨询的理论和技术。它和人本主义心理学及认知心理学在理论上有着密切的联系。

不同于精神分析和行为主义的疗法,认知疗法是一组通过改变个体的思维和行为来改变其不良认知,从而达到消除不良情绪和行为反应的相对短程的心理治疗方法。其中有代表性的是埃利斯的"合理情绪行为疗法"、贝克和雷米的"认知疗法"以及梅肯鲍姆的"认知行为疗法"。

认知,是指一个人对人、事、物的认识和看法。正如认知疗法的代表人物贝克所说:"适应不良的行为与情绪,都源于适应不良的认知。"认知疗法的主要策略,在于重新构建认知结构,试图通过改变当事人对自己、对他人或对事件的看法和态度,来改变其表现出来的情绪或行为反应方面的心理困扰。

埃利斯认为,经历某一事件的个体对该事件的解释与评价、认知与信念,是其产生情绪和行为的根源,不合理的解释与评价、认知和信念引起不良的情绪和行为反应,只有通过谈话、反思、疏导等来改变不合理的认知与信念,重建合理的认知与信念,才能达到治疗目的。

贝克的认知疗法也指出,心理困扰和障碍的根源是不正常的或歪曲的思维方式,通过发现、挖掘这些思维方式,加以分析、批判,再代之以合理的、符合现实的思维方式,就可以解除当事人的痛苦,帮助其更好地适应环境。

梅肯鲍姆提出,人的行为和情绪由"自我指令性言语"所控制,而这些"自我指令性言语"早在儿童时代就已经形成并内化,成为个体所认可或自动化了的反应模式,个体长大以后可能意识不到,但它们仍控制着个体的情绪和行为反应。如果"自我指令性言语"在当初形成的过程中就存在歪曲或失真,那么个体成年以后就可能会反复产生情绪障碍和适应不良行为。因此,对此的治疗包括学习和形成新的"自我指令"、使用想象技术来矫正问题等。

认知疗法与传统的行为疗法的不同之处在于,它不仅重视适应不良行为的矫正、消除,而且重视改变当事人的认知方式,使其达成"认知—情感—行为"三者的和谐。

认知疗法与传统的内省疗法、精神分析疗法也有很大不同,因为它重视当事人此刻的认知对其身心的影响,也就是说,它重视人们"意识"中的事件而不是"潜意识"(个体清醒的时候能认识到的东西,就处于"意识"层面,不能认识到但却在起作用的东西就处于"潜意识"层面,若想了解这些概念,可以补充学习精神分析疗法的相关内容)。内省疗法和精神分析疗法则重视以往的经历特别是童年经历对现在的影响,着重挖掘潜意识层面,而忽略当下意识中的事件及其作用。

由此,从另一角度来说,认知疗法是针对心理分析疗法(内省疗法和精神分析疗法)的缺陷而发展起来的。因为心理分析疗法常着重于处理心理与行为的潜意识根源和情感症结,而这种潜意识的欲望或情感,往往源于治疗师的主观分析推测,不容易向当事人解释清楚,也不容易被当事人理解接受,更不容易作为治疗的着眼点来操作。因此,心理分析疗法往往会花费比较长的时间,来关注那些过去的、现在不容易意识到的记忆和影响,相对深奥。

而认知疗法把关注点放在此刻可以意识到的对事物的认知上,不必费力挖掘看不到也抓不到的潜意识,只要调整那些个体能清楚地意识到、可以用言语描述清楚的观点、想法、信念,处理个体对目前刺激事件相关的人、事、物的认知即可,既明显,又具体,也容易得到当事人的理解与协作。

....

【课堂活动】

1. 解析情绪问题

如果你被某种消极情绪困扰,希望通过认知治疗的技术进行调节,可以首先利用以下表格解析这一情绪。

情境/情绪事件	
生理反应	
情绪感受	
行　为	
思　维	

你可以通过以下问题来了解自己的情绪反应模式，分析自己情绪反应的背景，帮助自己解析情绪问题。

情境：最近你有哪些改变？过去一年来让你感到压力最大的是哪些事？那么过去三年来呢？这五年来呢？你有没有经历过任何长期的艰辛？现在有什么困难？

生理反应：是否有困扰你的躯体症状，比如精神不足、胃口不好、睡眠不调，或是其他一些比较特殊的症状，比如心律不齐、胃痛、盗汗、头晕、呼吸困难或某种疼痛？

情绪：哪个字眼可以描述你的情绪（比如悲哀、紧张、愤怒、内疚、羞愧等）？

行为：你希望自己做的哪些事有改变或进展？在学校、家里、与朋友在一起或独处时，你会否刻意逃避某些场合或身边的人，就算他们可能帮到你？

想一想，其中哪一个或哪一些层面是你可以试着改变的。任何一个层面的微小改变都会影响到其他层面的改变。其中，思维虽然影响着你对其他层面的认知，但不是唯一可以让你感觉好起来的、需要改变的东西，有时候，改变你所处的环境，或是放松一下身体，都可能很快见效。

_____

_____

2. 辨明与评估情绪

运用第 2 课中为自己建立的情绪词库，不断拓展你对情绪的描述，尝试用更精确的词汇来标明你的一种消极情绪，并评估这种情绪在某一情境下的强烈程度和影响力，比如：

情境：_____

情绪：_____

评分：

0	10	20	30	40	50	60	70	80	90	100
无		略有			中度			许多		最强烈

尝试多作记录，每当这种消极情绪出现，都作这样的评估和记录。当一个情境或事件引发多种情绪时，依次分辨和评估清楚各种情绪。

情境： _____

情绪： _____

评分：
0	10	20	30	40	50	60	70	80	90	100
无		略有			中度			许多		最强烈

情境： _____

情绪： _____

评分：
0	10	20	30	40	50	60	70	80	90	100
无		略有			中度			许多		最强烈

情境： _____

情绪： _____

评分：
0	10	20	30	40	50	60	70	80	90	100
无		略有			中度			许多		最强烈

3. 理智胜过情感

参考以下表格示范的步骤，练习调节情绪。抓住不自主思维，战胜不必要的消极情绪。

1. 情境	2. 情绪	3. 不自主的思维（图像）	4. 支持棘手思维的证据	5. 不支持棘手思维的证据	6. 替代/平衡的思维	7. 重新评估情绪
何人？发生何事？何时？何地？	你那时有何情绪？评估情绪（百分制）。	在你有这样的情绪之前，你的心里在想什么？思维？图像？把棘手的（让你感觉情绪负担最重的）思维圈起来。			写下更为合理、可以让你感觉更好的思维；评估你对每种替代思维的相信程度（百分制）。	重新评估第2栏中的情绪，或是给替代思维带来的新的情绪打分（百分制）。

1. 情境	2. 情绪	3. 不自主的思维（图像）	4. 支持棘手思维的证据	5. 不支持棘手思维的证据	6. 替代/平衡的思维	7. 重新评估情绪
星期天的傍晚，在飞机上，飞机正在跑道上等待起飞。	恐惧，98分。	我觉得快生病了；我的心开始乱跳，越来越快；我开始冒汗；我的心脏病要发作了；我永远无法及时下飞机去医院；我快要死了。	我的心跳加速，我正在冒汗，这是心脏病要发作的两个征兆。	心跳加速是焦虑的特征。我的医生告诉我，心脏是肌肉，使用肌肉并不危险。快速的心跳不见得意味着心脏病要发作了。我以前也有过乘飞机的经验，没有发作心脏病。我也可以通过看杂志、听音乐、练习深呼吸、作思维记录，或者不把它当作大灾难，来让心跳慢慢恢复正常。	我这只是感到紧张、焦虑，不是大难临头。95分。	恐惧，20分。

我的作战表格

1. 情境	2. 情绪	3. 不自主的思维（图像）	4. 支持棘手思维的证据	5. 不支持棘手思维的证据	6. 替代/平衡的思维	7. 重新评估情绪

（选自《理智胜过情感》，有删改。）

美 丽 心 灵

《美丽心灵》讲述了一位数学天才如何遭遇精神分裂症，又如何在亲友的支持下顽强地与之抗争，最终使精神疾患得到控制，也活出自己的幸福人生的故事。

影片的主角是早年在研究所学习时就作出了惊人的数学发现，从而享有国际声誉的数学家约翰·纳什。他在博弈论和微分几何学领域潜心研究，虽然有着出众的直觉，但渐渐地，由于自身特点和遭遇的人与事，纳什在自己没有意识到的情况下，受到了精神分裂症的困扰，使他朝着学术的最高层次进军的辉煌路径发生了巨大改变。面对这个可能会击毁很多人的困难，纳什在深爱着他的妻子艾丽西亚的扶助下，毫不畏惧地顽强抗争。经过了几十年的艰难努力，他终于战胜了这个不幸，控制住了病魔，并且其学术成就也得到公认，荣获诺贝尔经济学奖。

请观赏影片，分析主角患上精神疾患的自身和外界影响因素有哪些。在精神科医生确诊之前，有哪些线索表明纳什可能遭遇了精神疾患？

_____

_____

帮助纳什战胜精神分裂症的关键性转折是什么？帮助纳什战胜病魔的内在和外在的因素有哪些？这对你日常维护身心健康有怎样的启发？

_____

_____

核 心 信 念

核心信念就是个体对自我和整个世界最本质的认识和观点。它是从童年开始形成并一直维持到现今的个人认识核心,主要来自个体的原生家庭和重要的早期经历。

大多数人持有正面和现实的核心信念,负面的核心信念只在心里痛苦的时候才表现出来。但有些陷入持续抑郁等负面情绪中的人,其部分错误的核心信念会一直活跃。人们一般会认为自己的核心信念是正确的。越早调整错误的核心信念,就能够越少地以适应不良的认知方式来看待世界。

有时候核心信念会隐藏得很深,需要不断追问那些自动思维(个体在面对某种情境时自然而然地、不需要努力就产生的一系列思维)"这意味着什么"。

核心信念的分类

认知行为疗法将负面的核心信念大致分为三类:无能力类、不可爱类、无价值类。

1. 无能力类主要包含认为自己在完成某事方面无力、在保护自己方面无力和在获取成就方面失败。

我不能胜任;我注定贫穷;我做事毫无效率;我无法摆脱困境;什么事情我都做不好;我没法控制自己;我很无助;我是失败者;我没有力量;我没别人有本事;我不可能有什么成绩;我是失败者;我是受害者;我是可怜人;等等。

2. 不可爱类主要包括认为自己不可爱、不受欢迎、没有吸引力或者有缺陷。

没人会喜欢我;我跟人不一样;我不讨人喜欢;我不受欢迎;我是有缺陷的,所以别人不喜欢我;我没有吸引力;我是多余的;我必定被拒绝;我必定被抛弃;我必定孤独;等等。

3. 无价值类主要包括认为自己是坏的、没有价值的、对人有害的。

我毫无价值;我不道德;我很邪恶;我不被接受;我很危险;我有毒;我有罪;我很坏;我是废物;我不配活着;等等。

当你产生自动思维的时候,要注意分析其背后有没有核心信念被激活,如果有,分析出到底是哪一种。比如,有一位女士认为她的朋友不太喜欢跟她在一起。借助箭头向下不断追问的技术发现,她对此并不在乎,"没有就没有呗",因此她并没有激活不可爱的核心信念。

有的时候,我们产生的自动思维表面看来像是源于某种核心信念,但仔细分析其实是源自另外一种。比如,一位女士因为在社交场合中没法让别人听她讲话而难过,表面看来她有不可爱的核心信念,实际上却是无能力的核心信念在起作用。要仔细梳理、追问,加以分析。

对于核心信念的甄别看起来有点难,但负面的核心信念的种类就三大类,通过反复的自省和类似情况的对比,找出真正被激活的核心信念只是时间问题。

识别矫正核心信念

可以使用箭头向下不断追问的技术来找出核心信念:从一个自动思维出发,向下追问"那意味着什么","然后呢",直到找出再也不能向下推演的最后的信念,然后设计出一条比较现实的、功能良好的信念来代替它。比如,错误的核心信念:"我注定贫穷终老。"替代的核心信念:"我有能力改变我的现状,只要肯努力,终究会变好的。"在设计好替代的核心信念之后,我们需要从两个方面入手矫正核心信念:第一是减弱原有信念,第二是强化新建信念。

矫正负面的核心信念

通常先在理性层面上改变核心信念,再通过情感技术辅助情感层面的改变。方法有:

1. 苏格拉底式提问;

2. 检查相信这个信念的优势和弊端;

3. 像相信新信念一样行动;

4. 行为试验;

5. 极端对比(认知连续体的变式:比如你认为自己是最没用的,那就找出你认为最没用的人来跟自己比一比,不断地以别人为锚点,给自己找到一个合适的定位,最终确定"我并不是一无是处的,但我只是一个凡人");

6. 故事比喻(想象你的问题发生在别人身上,你会给出什么样的建议)。

强化新建信念

一是寻找、发现自己的优势和资源。比如,通过对自己的审视,发现自己有比较强的学习能力,借助它,你可以通过自学来调整自己的心理问题,以及摆脱现在的困境。如果你无法发现自己的优势,可以每天记录自己当天完成的事情,不管事情大小,都要记下来,从中发现自己的优点(很多时候,在错误认知模型的影响下,个体会有意忽略自己的优点)。另外可以在网上做相关测试,得到一些有益的启发(这一条将在"我的优势与幸福"一课里加以介绍)。

二是以新的方式看待自己的经历。比如,树立了"我有能力应对生命中大多数事情"的核心信念后,要有意识地在现实生活中找出证明这一信念的证据,最好是记录下相关的支持证据。经常将这些记录拿出来复习,对信念的巩固会有很大帮助。

(选自《理智胜过情感》,有删改。)

可以尝试把《理智胜过情感》一书作为认知情绪治疗的工具书来读,通过书中提供的各种实用方法来改变自己,使工作和生活的质量达到更高的层次。

【课外行动】

你的想法改变你的世界。没有人能随意地改变你,除了你自己,反过来也是如此。

　　尝试为自己制订一份调节情绪的行动计划,预先设想一下可能出现的挑战和你的应对,然后开始行动,记录下你的进展,为成为更好的自己努力吧!

行　动	开始时间	可能的困难	可能的策略	可能的资源	进　展

本课学习感悟整理

本课令我印象深刻的内容有：	学习中和学习后,我感到：
以后的学习生活中,我可以：	我有这样一些新的发现：

第 11 课　消极情绪的调节

【课前热身】

爱地巴跑圈

从前有一个叫爱地巴的人,每次生气、和别人起争执的时候,就会以很快的速度跑回家去,绕着自己的房子和土地跑三圈,然后坐在田边喘气。

爱地巴非常努力地工作,他的房子越来越大,土地也越来越广,但不管房子和地有多大,只要与人争论生气,他还是会绕着房子和土地跑三圈。爱地巴为什么每次生气都绕着房子和土地跑三圈呢?所有认识他的人都心存疑惑,但是不管怎么问他,爱地巴都不愿意说明。

直到有一天,爱地巴已经很老了,他的房子和土地都已经占地广大,他又在生气时,拄着拐杖艰难地绕着土地跟房子转圈,等他好不容易走满三圈,太阳都下山了。爱地巴还是独自坐在田边喘气,他的孙子看到了,到他身边恳求:"阿公,您已经年纪大了,这附近的人再没有谁的土地比您的更大了,您不能再像从前那样,一生气就绕着土地转圈啊!您可不可以告诉我这个秘密:为什么您一生气就要绕着土地跑上三圈呢?"

爱地巴禁不住孙子的恳求,终于说出隐藏在心中多年的秘密:"年轻时,我若和人吵架、争论、生气,就绕着房地跑三圈,边跑边想:我的房子这么小,土地这么少,我哪有时间哪有资格去跟人家生气?一想到这里,气就消了,于是就把时间都尽量用来努力工作。"

孙子问道:"阿公,您现在年纪大了,而且已经变成最富有的人了,为什么还要绕着房子和土地跑圈呢?"爱地巴笑着说:"我现在跑不动了,但我有时还是会生气,生气时绕着房子和土地走三圈,边走边想:我的房子这么大,土地这么多,我又何必跟人家计较呢? 一想到这些,气就消了。"

当你体验到消极情绪的时候,你有哪些调节情绪的方法? 是否也有像爱地巴一样缓解消极情绪甚至带来积极影响的好办法? 你有哪些成功化解负面情绪的经验?

同学之间交流一下,各自都有什么法宝。

情绪 ABCDE

第 1 课介绍过美国心理学家阿尔伯特·艾利斯创建的情绪 ABC 理论。这一理论除了解释情绪产生的过程,还指出了情绪的认知调节方法,也就是情绪 ABCDE 法。

A(Activating Event,刺激事件)是情绪和行为反应的刺激、诱发事件,它可以是现实的事件或预期将要出现的应激源。

B(Beliefs,信念)是个体的信念和内在言语(自言自语的述说),即对诱发事件或情境的内在的描述。信念和内在言语有两种主要的类型:一种是理性的信念与内在言语,主要指自我救助性的、应对性的和适应性的述说,这些述说会引发健康的积极的情绪;另一种是非理性的信念与内在言语,它们是自我伤害性的、自我挫败性的、非适应性的述说,这些述说会导致不健康的消极的情绪。非理性信念可能导致焦虑、愤怒、抑郁以及情绪失控等不良情绪和行为反应。

C(Consequences,结果)是由信念和内在言语所引发的情绪和行为反应,表面看来是刺激事件的结果。

D(Disputing,驳斥)是用合理的信念驳斥、对抗不合理的信念的过程,借此改变原有的不合理信念,从而改变由之产生的情绪和行为反应。

E(Effect,效果)是指当事人经过驳斥、对抗的过程而产生的认知、情绪和行为上的改善。

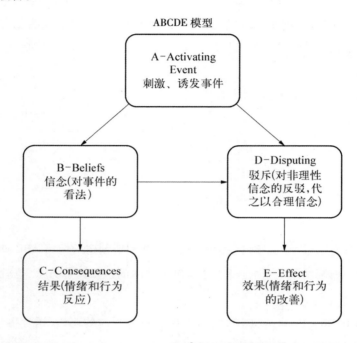

ABCDE 模型

情绪 ABCDE 法包括一套通过认识不合理的信念到改变不合理的信念、代之以合理的信念,进而调节情绪和行为的步骤,它始终强调聚焦现在,重视人的理性的力量,相信个体最终能通过自我调节而适应环境,高度重视个体的主观能动性。

这一方法中"非理性信念"是一个核心的概念,艾利斯总结了非理性信念的特征:

绝对化要求——"必须","应该"……

过分概括化——"总是","从来都是这样","所有的","人人都"……

情绪化推理——"他就是这么可恶","丑人多作怪","专门针对我"……

糟糕至极论——"糟了,我完蛋了","我没脸见人了"……

下一次,当你发现自己身陷消极情绪的泥沼时,尝试去找一找情绪背后的非理性信念的特征。

....

【课堂活动】

1. 说出你的消极情绪

述说情绪的十个问题(以生气为例)

(1)你在什么情况下会感到生气?

_____

(2)你怎么知道自己生气了?

_____

(3)你生气时身体感觉如何?

_____

(4)通常情况下,你都明白自己为什么生气吗?

_____

(5)如果你生气了,你会怎么做?

_____

(6)当你生气时你会允许自己发怒还是会努力摆脱怒气?

_____

(7)你相信你的怒气是在告诉你一些重要的事情吗? 如果相信,那这些重要的事情是什么?

_____

（8）对你来说，表现出你的怒气意味着什么？

_____

（9）你觉得当你表现出生气的时候，别人会如何看你？

_____

（10）对你来说，把自己的怒气讲述给别人听，意味着什么？

_____

完成以上述说情绪的问题后，你对自己的情绪有什么发现？把情绪作为客体进行描述和分析，对你的情绪调节有什么帮助？

_____

_____

参考以下调节情绪的步骤，进一步调节你的情绪。

调节情绪四步走

√ 觉察情绪：判断情绪感受的类别、强度和原因，判断自己是否能调节情绪感受。

√ 接纳情绪：不压抑情绪，接纳这样的情绪状态。

√ 认可情绪的表达：认可情绪是可以表达出来的，不需要隐藏或掩饰。

√ 根据情境选择如何表达：根据情境、自己和他人的状态、身份等，合理地进行表达（向他人讲述自己此刻的情绪，可能最有助于合理表达情绪，促进人际关系发展）。

2. 调节情绪六格图

选择一种你想要改善的消极情绪，完成调节情绪的六格图。可以用各种图形、彩色笔、颜料以及其他手工材料等，丰富你的图。请尽量用画画等图像形式表达，避免用文字。六格图的内容如下：

用图画（线条、形状、颜色等）画出这种消极情绪像什么。	画出容易产生这种消极情绪的情境。	如果一位神仙出现，送了你一件宝贝，可以改善这种情绪，那么那会是一件什么宝贝？可以参考你知道的神话或童话故事。
运用该宝贝以后，这种情绪会变成什么样子？	你的生活中已经有哪些真实的宝贝，效果接近神仙送的这件宝贝？	如果以一件礼物作为给神仙的回馈，你会选择什么作为礼物？

完成以后，轮流在四人小组中介绍自己的六格图，彼此回应。分析各自在情绪调节方面都有哪些经验，又受到了怎样的启发。

_____

··

【拓展学习】

十种常见非理性信念

对照前面所讲的非理性信念的四种特征，找出以下非理性信念的不合理之处，并逐一写下可以取而代之的合理的信念。

1. 我应该受到周围每一个人的喜爱与赞扬。

不合理之处：_____

替代的想法：_____

2. 一个人必须非常能干、完美，而且在各个方面都有成就，这样才是有价值的人。

不合理之处：_____

替代的想法：_____

3. 有些人做了不好的事，他们邪恶卑鄙，他们都是坏人，应该受到严厉的责备与惩罚。

不合理之处：_____

替代的想法：_____

4. 如果事情不是自己所想象、喜欢和期待的样子，那实在是太可怕了。

不合理之处：_____

替代的想法：_____

5. 人的不快乐、不幸福都是由外在的因素引起的，自己很难控制。

不合理之处：_____

替代的想法：_____

6. 对于危险和可怕的事，我们必须非常挂心，应该时时刻刻想到它可能会发生。

不合理之处：_____

替代的想法：_____

7. 逃避某些困难或自身的责任，要比去面对它们更容易。

不合理之处：_____

替代的想法：_____

8. 一个人必须依赖他人，而且必须以一个强者为靠山。

不合理之处：_____

替代的想法：_____

9. 一个人过去的经验和历史对他目前的一切极为重要，过去的影响是无法消除的。

不合理之处：_____

替代的想法：_____

10. 任何问题都应有正确或完整的答案，找不到正确或完整的答案将是非常糟糕的事。

不合理之处：_____

替代的想法：_____

以上非理性信念中，是否有你比较认同或者熟悉的呢？它们是否曾经或正在影响着你的情绪？当你感受到消极情绪时，尝试分析情绪背后的信念，检查它是否合理。

_____

_____

"三栏目"技术

有心理学家认为，人的不良情绪往往源于不合理的、错误的、失真的对人、事、物的看法，特别是内心的内疚自责思想。采用情绪 ABCDE 法来消除不良情绪，关键是学会跟不合理信念辩论。"三栏目"技术可以用来改变不合理、不符合事实的认知。具体做法如下：

准备一张空白的纸，将这张纸竖着一分为三，从左至右分别写上"随想"（自动浮现的负面的、自责的想法）、"不合理认知"、"合理想法"。当你有了心理困惑、产生负面情绪时，坐下来，准备好纸和笔——

第一步，将你头脑中出现的各种想法统统写在"随想"栏内，不要让它们老是盘旋在你的头脑中，想到什么写什么。

第二步，当所有随想都写下来以后，对每一种随想进行分析，指出其不合理之处（绝对化要求、过分概括化、情绪化推理、糟糕至极论），找出你的不合理认知，揭示你对事实的误解或歪曲。

第三步,练习对不合理的想法进行无情的驳斥,以更客观的想法取代不合理的、失真的想法。

例如,一位同学因身体不适,上学迟到,被班主任当众批评。她感到非常羞耻和气愤。事后她通过"三栏目"技术进行了认知矫正。

随　　想	不合理认知	合　理　想　法
1. 被老师当众批评,真丢死人了。	糟糕至极论	每个人都可能犯错,所以被批评是正常的事,没有什么丢人不丢人的。虽然老师当众批评我,让我很难堪,但也不至于那么可怕。迟到确实是我没安排好,以后尽力改正。
2. 同学们肯定在嘲笑我,他们都会看不起我,以后我在同学中还怎么做人!	糟糕至极论	不对,大部分同学都很友好,起码几个好朋友对我很好,也会关心我。一个小小的错误并不会影响我在同学们心中的地位。
3. 老师真可恶,他针对我。	情绪化推理	其实老师平时对我的生活、学习都很关心,他发火并不是针对我一个人的。况且,他也经常批评班干部和其他同学。
4. 我真是个失败者,怎么会落到这样落魄的地步。	过分概括化 情绪化推理	不对,我能进这所学校,就说明我很优秀,在学习方面我也不比别人差,今天的事只是一个小插曲而已,下次注意就好。
5. 我真倒霉,偶尔迟到一次,就被老师碰上。	情绪化推理	这与倒霉无关,确实是我迟到了,被老师发现也是正常的。我可以去找老师沟通,说明情况。

当你为别人的误解而生气,为一次考试失败而萎靡不振时,尝试采用这个技术进行自我调节。

情　绪　急　救

《情绪急救》是美国心理学者盖伊·温奇博士的著作。盖伊·温奇1991年获得纽约大学临床心理学博士学位,并在纽约大学医学中心完成了家庭与夫妻治疗的博士后研究。从1992年起,他一直以私人心理医生的身份在曼哈顿工作,帮助病人将情绪急救的方法应用到日常生活中。作为美国心理学会的成员，温奇博士在《今日心理学》杂志官网开设"嘎吱作响的车轮"专栏，一直反响热烈。他是研究心理减压方面的专家，也是知名的主持人和作家，他甚至会偶尔在纽约市及附近的俱乐部表演单口相声。

拒绝带来尖锐的痛苦，孤独引发毁灭性的疼痛，丧失使人们的生活破碎不堪，难以摆脱的内疚感毒害了人们的安宁和人际关系，对痛苦的反刍倾向很快会发展为焦虑和沮丧，失败导致极度的失望，自卑则使人们拒绝别人的帮助。

人们经常性地遭受情绪创伤，如同经常性地遭受身体创伤。失败、内疚、拒绝和丧失就像偶尔擦伤胳膊和拉伤肌肉一样，成了人们生活的一部分。人们会自然而然包扎伤口或者冰敷扭伤的脚踝，但对大多数人来说，应对情绪创伤的急救箱却空空如也——它可能根本就不存在！结果就是，情绪创伤只要还没有严重到需要专业人士的帮助，人们就会放任不管，使自己感觉糟糕的时间比应当感到的要长很多。

幸运的是，盖伊·温奇博士利用最新的科学研究成果，提出了明确的、逐步深入的治疗方案，它们就好像精神急救一样可以用来处理受伤的情绪。这些方案简单便捷，可以应对各种常见的情绪困扰，比如对痛苦的强迫性反刍或是极具破坏性的自卑，均效果明显。书中通过生活中的实例，展示了仅通过几个简单的行动便能抚慰情绪痛苦，从麻烦中振作精神，用勇气和信心战胜挫折的方法。

请阅读此书，分小组讨论，交流各自都有哪些"情绪急救"的方法，分享一下相关的经历及彼此受到怎样的启发。

_____

_____

【课外行动】

当你觉得身边的人都是魔鬼，你就生活在地狱里；当你觉得身边的人都是天使,你就生活在天堂里。没有人能让你不愉快,除非你允许。

给自己找一个随身携带的提示物,比如手表、手环等,当你被某种强烈的情绪笼罩时,就按它一下,提醒自己:我是我情绪的主人,而不是奴隶。

本课学习感悟整理

本课令我印象深刻的内容有:	学习中和学习后,我感到:
以后的学习生活中,我可以:	我有这样一些新的发现:

第 12 课　积极情绪的力量

....

【课前热身】

水 知 道 答 案

　　《水知道答案》是一本用特别的视角和例子,来展示积极情绪的力量的书。在书中,作者江本胜用 122 张通过显微摄影拍下的奇形怪状的水结晶照片,向读者展示"水能听,水能看,水知道生命的答案"的独特观点。

　　书中的所有这些风姿各异的水结晶的照片都是在零下 5 度的冷室中以高速摄影的方式拍摄而成的。在最初的拍摄中,人们发现城市中被漂白的自来水几乎无法形成结晶,而只要是天然水,无论出自何处,它们所展现的结晶都异常美丽。在水的两边放上音箱,让水"听"音乐,听了贝多芬《田园交响曲》的水结晶美丽工整,而听了莫扎特《第 40 号交响曲》的水结晶则展现出一种华丽的美。

　　在装水的瓶壁上贴上不同的字或照片让水"看",结果不管是哪种语言,看到"谢谢"的水结晶非常清晰地呈现出美丽的六角形,看到"混蛋"或者"烦死了"的水结晶破碎而零散。简而言之,作者认为只要水感受到了美好与善良的情感,水结晶就显得十分美丽,当感受到丑恶与负面的情感时,水结晶就显得不规则且丑陋。

　　书中还称,在波动理论里,世间万物都处在波动的状态中,各自拥有一定的波长和固定的频率。不仅人们周围的物体呈波动状态,就连各种文字、声音、图像，以及人们的心理变化和情感活动也呈现为一种波动状态。而人体的百分之六十到七十是水，地球表面也有百分之七十被水覆盖，水能感受到人们看不见、听不到、摸不着的波动，并且受到强烈的影响，人类和人类所生活的地球也许也会由此受到影响。水的结晶也许正是这些影响的信息记录。

《水知道答案》的作者认为，水接受不同的信息，结晶就会呈现出不同形状，这能够开启人们思考当今社会现实的新角度。比如，当水"看"到"爱与感谢"时，会形成接近完美的结晶，让人们联想到"爱与感谢"大概是宇宙存在与人际关系的基本原则，美好的情感与信念会对世界产生有益的影响，所以，人们在日常生活中应该多表示一些"爱与感谢"。

不过，这本书中的内容后来遭到不少科学性方面的质疑。

请查阅相关资料，讨论一下：积极的情绪和情感，究竟对人们的现实生活产生了怎样的影响？你有哪些自己亲身经历的相关事例？

_____

_____

....

【课堂活动】

1. 测测你的积极率

积极情绪自我测试

你在过去的 24 小时中感觉如何？回顾过去的一天，利用下面的量表，填写你体验到的下列每一种情绪的最大量。

0＝一点都没有　　　1＝有一点　　　2＝中等　　　3＝很多　　　4＝非常多

（1）你所感觉到的好玩、可笑的最大程度有多少？　　＿＿＿＿＿＿

（2）你所感觉到的生气、懊恼的最大程度有多少？　　＿＿＿＿＿＿

（3）你所感觉到的屈辱、丢脸的最大程度有多少？　　＿＿＿＿＿＿

（4）你所感觉到的惊奇、叹为观止的最大程度有多少？　　＿＿＿＿＿＿

（5）你所感觉到的轻蔑、鄙夷的最大程度有多少？　　＿＿＿＿＿＿

（6）你所感觉到的反感、厌恶的最大程度有多少？　　＿＿＿＿＿＿

（7）你所感觉到的尴尬、羞愧的最大程度有多少？　　＿＿＿＿＿＿

（8）你所感觉到的感激、感恩的最大程度有多少？　　＿＿＿＿＿＿

（9）你所感觉到的内疚、忏悔的最大程度有多少？　　＿＿＿＿＿＿

（10）你所感觉到的不信任、怀疑的最大程度有多少？　　＿＿＿＿＿＿

（11）你所感觉到的希望、乐观的最大程度有多少？　　＿＿＿＿＿＿

（12）你所感觉到的振奋、兴高采烈的最大程度有多少？　　＿＿＿＿＿＿

（13）你所感觉到的有兴趣、好奇的最大程度有多少？　　＿＿＿＿＿＿

（14）你所感觉到的快乐、幸福的最大程度有多少？　　＿＿＿＿＿＿

（15）你所感觉到的爱、亲密的最大程度有多少？　　＿＿＿＿＿＿

（16）你所感觉到的自豪、自我肯定的最大程度有多少？　　＿＿＿＿＿＿

（17）你所感觉到的悲伤、消沉的最大程度有多少？　　＿＿＿＿＿＿

（18）你所感觉到的害怕、担心的最大程度有多少？　　＿＿＿＿＿＿

（19）你所感觉到的宁静、满足的最大程度有多少？　　＿＿＿＿＿＿

（20）你所感觉到的紧张、不堪重负的最大程度有多少？　　＿＿＿＿＿＿

计　　分

为了计算你在过去一天中的积极率，请遵循下列五个简单的步骤：

（1）找出反映积极情绪的 10 个项目：

　　（1）、（4）、（8）、（11）、（12）、（13）、（14）、（15）、（16）、（19）

（2）找出反映消极情绪的 10 个项目：

　　（2）、（3）、（5）、（6）、（7）、（9）、（10）、（17）、（18）、（20）

（3）数一数积极情绪项目中，被你评定为 2 分或以上的有多少。

（4）数一数消极情绪项目中，被你评定为 1 分或以上的有多少。

（5）将你的积极情绪得分除以你的消极情绪得分，可以算出你今天的积极率。如果你今天的消极情绪得分为 0，则用 1 来代替。

特别注意，这个测试只提供了一个大概的参照。每个人的情绪每时每刻都在变化。鉴于你的情绪不断变化，任何测量其积极率的单一指标都只能描述出大概的状况。你可以尝试反复测试，将测试的事件具体化，以取得更为精确的结果。

此外，当涉及情绪的时候，没有哪种测量工具是无懈可击的。无论使用的是调查问卷还是复杂的生理指标，所有对于情绪的测量都含有一定程度的偏差。

你是你情绪的主人，所以你保有最终解释权。

（选自《积极情绪的力量》，有删改。）

2. 制作积极情绪"百宝袋"

你可以做一些具体的事情来制造和享受积极情绪。

将那些把你和各种积极情绪联系起来的物品装进一个"百宝袋"。这些物品包括照片、信件、笔记、箴言、玩具、纪念品，或者对你而言带有深刻个人意义的其他物品。

你可以根据自己的喜好选择简易的盒子、袋子、剪贴簿，也可以运用你的电脑技术制作一个网页或电子相册。不管什么形式，你的百宝袋反映的都是你在内心建立的一个制造和享受积极情绪的内部机制。

不用急着完成，你可以慢慢制作，不断添加，品味和享受这个过程，让你的情绪产生实在的共鸣，形成深刻的印象，当你需要的时候，它既在你的手边，也在你的心里、脑海里。

天 使 艾 米 丽

影片《天使爱美丽》讲述了一个童年遭遇坎坷的女孩,像天使一样带给身边的人和自己快乐的故事。

法国女孩艾米丽·布兰从很小的时候开始,就很少享受到家庭的温暖,她的童年是在孤单与寂寞中度过的。艾米丽的母亲是一位老师,父亲是一位医生。父母都是认真严肃、不苟言笑的人。医生父亲除了给艾米丽作医疗检查之外,很少和女儿接触。因为很少跟父亲接触,所以她接近父亲时紧张得心跳加快,导致父亲在给她检查身体时误以为她心脏有问题,因此不让她去学校上学,由母亲在家教导她。八岁的时候,她和母亲一起去教堂,目睹母亲因意外事故去世。伤心过度的父亲患上了心理障碍,一直沉醉在自己的世界里。从此,艾米丽变得更加孤独,只能一个人玩。孤独的她只能任由想象力无拘无束地驰骋来打发日子,自己去发掘生活的趣味,比如到河边打水漂,把草莓套在十个指头上一个个吃掉等。

艾米丽就这样孤独地长大了,可以自己生活及闯荡外面的世界了。艾米丽在巴黎的一家咖啡馆里找到了一份女侍应的工作。光顾这家咖啡馆的有一些孤独而古怪的人。总的说来,艾米丽的生活过得还不错,她有自己租住的小公寓和一些特别的邻居。但艾米丽并不满足,她的满腔热情不知道往哪里去使用。

1997 年夏天,黛安娜王妃在一场车祸中不幸身亡。在电视中看到戴安娜遇难的新闻报道,艾米丽突然意识到生命是如此脆弱而短暂。她意外地在浴室的墙壁里发现了一个锡盒,里面放满了过去的小男孩珍视的宝贝。这大概是一个小男孩在多年以前藏在这里的。现在,那个男孩应该已经长大了,大概也早已忘记了童年时代埋藏的"珍宝"。受这两件事的激发,艾米丽决定去做点什么,来影响身边的人,给他们带来欢乐。于是艾米丽开始设法寻找"珍宝"的主人,希望可以悄悄地将这份珍藏的记忆归还给他。这也意味着,艾米丽那"暗中帮助周围的人,改变他们的人生,改善他们的生活"的伟大理想开始被付诸实践了。

艾米丽积极行动起来,冷酷的杂货店老板、备受欺侮的杂货店伙计、忧郁阴沉的公寓门卫,还有对生活失去信心的邻居、身体抱恙从不出门的老人,都被她列入了帮助对象的名单。虽然遇到了不少困难,有时甚至也得耍耍手段、用用恶作剧,但经过努力,她还是逐步获得了成功,周围人的生活因为艾米丽的努力而逐步发生改变。

在她斗志昂扬地朝着理想迈进时,她遇上了一个"强硬分子",她的那一套"法术"似乎对这个奇怪的男孩——商店店员尼诺——没多大作用。她渐渐发现,这个喜欢把时间消耗在商店、有着收集废弃投币照相机底片等古怪癖好的羞怯男孩,竟然就是她心中的白马王子……艾米丽自己的生活又会有怎样的变化呢?

请观赏影片,并思考以下问题:

如果你是小时候的艾米丽,在这样的家庭中成长,亲历了母亲的意外离世,你会如何看待自己的人生? 长大了会变成什么样子?

_____

_____

为什么称艾米丽为"天使"? 她做了什么让周围的人和自己的生活发生了奇妙的变化? 这对你美化自己的生活有何启示?

_____

_____

积极情绪的力量

《积极情绪的力量》的作者,是美国学者芭芭拉·弗雷德里克森。她是"坦普尔顿奖"的获奖者,被积极心理学之父马丁·塞利格曼称为"积极心理学领域的天才"。《积极情绪的力量》这本书的出版,推动当代积极心理学达到一个新的巅峰。

这是一本教人们如何追寻幸福的书。使用书中所列出的十余种方法,可以形成发自内心的积极情绪,减少有损害的消极情绪,最终实现内外一致的和谐和积极。以下为摘录自书中的秘诀:

积极情绪的六个重要真相

真相一,积极情绪让我们感觉良好。

真相二,积极情绪改变我们的思维。

真相三,积极情绪改变我们的未来。

真相四,积极情绪抑制消极情绪。

真相五,积极情绪受到一个临界点的调控。

真相六,我们可以增强自己的积极情绪。

积极情绪的十种形式

情绪的美妙之处在于,它们是高度个人化的,更多地取决于你的内在理解,而不是外部环境。掌控自己的积极情绪,意味着你要超越诸如"快乐"和"良好"这样千篇一律的词语,更准确地命名情绪状态。你可以尝试使用以下十个积极情绪的标签来描述自己的情绪体验,注意,你在使用它们的时候要尽量放轻松,不需要过多地加以分析,只是根据你对它们的理解来用它们描述你的感受而已。在你充分掌握了它们标记的情绪感受之后,你也可以用更加符合你自己习惯的词语来代替它们。

它们分别是:喜悦、感激、宁静、兴趣、希望、自豪、逗趣、激励、敬佩、爱。

增加积极情绪的十一种方法

方法一,真诚是最重要的。

方法二,找到生命的意义。

方法三,品味美好。

方法四,数数你的福气。

方法五,计算善意。

方法六,追随你的激情。

方法七,梦想你的未来。

方法八,利用你的优势。

方法九,与他人在一起。

方法十,享受自然的美好。

方法十一,打开你的心灵。

(选自《积极情绪的力量》,有删改。)

【课外行动】

积极情绪让人们感觉良好,甚至天空都会更明媚一些。它改变人们的思维和未来,抑制消极的情绪。更重要的是,你可以通过努力和练习,来制造积极情绪,学会更积极有效的情绪表达方式,提升对情绪的掌控力,从而改善你的人际关系。

除了本课介绍的方法,你还有哪些掌控自己的情绪、让自己保持良好的情绪状态的办法?与朋友们分享,让彼此都得到启发,从而拥有更多获得积极情绪的妙招。

尝试运用这些方法,一周、一个月或更长一段时间以后,观察自己的生活有何变化(情绪也是很容易在人际之间相互影响和传播的,多运用积极情绪的力量,你和你周围的人都会进入良性的人际氛围,共同获益)。

本课学习感悟整理

本课令我印象深刻的内容有：	学习中和学习后,我感到:
以后的学习生活中,我可以:	我有这样一些新的发现:

第 13 课　我的优势与幸福

微笑和幸福

　　大学毕业纪念册是研究积极心理学的金矿之一,拍纪念册照片时,摄影师按照惯例会叫你"看着镜头微笑",于是你会尽可能地展示出自己最好的微笑,结果你可能会发现,别人要求你微笑你就微笑,这说起来容易做起来难,有些人可以笑得很灿烂,有些人只是礼貌性地动一下嘴角,好像在笑。表情专家研究发现,一般人的微笑有两种:一种叫作"杜乡式微笑"(Duchenne smile),这一命名是用来纪念发现它的法国人杜乡,这种微笑指的是发自内心的微笑,你的嘴角上扬,鱼尾纹出现,而牵动这些地方的肌肉非常难以用意志加以控制,只有发自内心的微笑才会牵动这些区域;另一种微笑叫作"空姐式微笑"(Pan American smile),这种微笑不是发自内心的,因此不具有杜乡微笑的特点,与其说是快乐的表情,倒不如说是低等灵长类动物受到惊吓时的表情,它只能牵动部分特定区域的肌肉,也就是中国人所说的"皮笑肉不笑"。

　　有经验的、受过训练的心理学家可以很快区分出杜乡式微笑和非杜乡式微笑。加州大学伯克利分校的哈克和克特纳研究了密尔斯学院 1960 年毕业照上的 141 个女生,里面除了 3 名女生,其余都是微笑的,而在这些微笑中,有一半是杜乡式微笑。此前的研究者分别在这些女生 27 岁、43 岁以及 52 岁时访问她们,询问她们的婚姻状况、对生命的满意程度等。当哈克和克特纳在 1990 年接手这个研究时,他们对通过毕业照中预测这些人的婚姻生活表示怀疑。结果他们惊讶地发现,拥有杜乡式微笑的女生一般来说更可能结婚,并能长期维持婚姻,在毕业以后的 30 年中也过得比较如意。原来一个人幸福与否竟然能从微笑的鱼尾纹中预测出来。

哈克和克特纳曾质疑他们所得到的结果,思考是否拥有杜乡式微笑的人本来就比较漂亮,是她们的美貌而不是微笑的真诚与否,预测了她们未来生活的幸福度。所以这两位研究者又回头去作研究对象的美貌评估,结果发现美貌跟婚姻是否美满、生命是否完美无关,一个真诚微笑的女人更可能拥有美满的婚姻、幸福的生活。

(选自《真实的幸福》,有删改。)

照片中的微笑跟一个人的性格特点、看待生活的角度有什么关系?

讨论和交流各自的看法,列举生活中的实例,看看彼此有何启发。

积 极 心 理 学

积极心理学是宾夕法尼亚大学教授马丁·塞利格曼于 1998 年出任美国心理学会主席时倡议的心理学的新定位。

积极心理学是心理学领域的一场革命,也是人类社会发展史中的一座里程碑,它是一门将传统心理学的研究转换为从积极角度进行新的探索和研究的新兴科学。积极心理学致力于研究人的发展潜力和美德等积极品质,研究如何使健康的人过得更好,而不再像传统的心理学那样重在研究心理疾患。它倡导心理学研究的积极取向,关注人类积极的心理品质,强调人的价值与人文关怀,以一种全新的姿态诠释心理学。

积极心理学的研究有三大基石:第一是研究积极的情绪;第二是研究积极的特质,其中最主要的是优势和美德,当然,能力也很重要,如智慧和运动技能等;第三是研究积极的组织系统,例如民主的社会、团结的家庭以及言论自由等,这些是美德的保障条件,而美德能增强积极的情绪体验。自信、希望和信任等积极情绪不只在顺境中帮助人们,在经济低迷、命运坎坷时对人们同样有益。

积极心理学很郑重地看待美好的未来,假如你发现自己好像"山穷水尽"、"一筹莫展"、"万念俱灰",请不要放弃,天无绝人之路。积极心理学将带你走过优美的旅程,进入优势和美德的高原,最后到达持久性的自我实现的高峰:实现生命的意义,达成生命的目的。

积极心理学认为,人们完全可以通过主动练习,来增添自己的积极情绪体验,培养自己积极地看待事物的习惯,从而形成积极的特质。它在一定程度上帮助人们把生活的焦点,从关注困难、解决问题,转移到关注优势、丰富资源上来,从而使现代心理学更多地为占人群大多数的正常人更好地发展、更幸福地生活服务。

....

【课堂活动】

1. 了解自己的幸福感

自我测试——福代斯幸福测试

此刻,你觉得自己有多幸福或者有多不幸福?请圈出下面最能描述你幸福程度的句子。

10　非常幸福(觉得狂喜)

9　很幸福(觉得心旷神怡)

8　幸福(情绪高昂,感觉良好)

7　中度幸福(觉得还不错,愉悦)

6　有一点幸福(比一般人幸福一点)

5　中等(不特别幸福也不特别不幸福)

4　有一点不幸福(比中等低一点)

3　中度不幸福(心情低落)

2　不幸福(心情不好,提不起劲)

1　很不幸福(抑郁,沉闷)

0　非常不幸福(非常抑郁,心情跌入谷底)

请进一步考虑你的情绪,比如:最近的三天或者一个星期,你觉得幸福的时间所占的百分比是多少?有百分之多少的时间你觉得不幸福?还有百分之多少的时间你觉得处于中等(不觉得幸福也不觉得不幸福)的情绪状态?由此,你可以估计更长的时段内你的状况,比如最近一个月,或者进入高中以来。写下你的估计:在下面填上三个数字,它们加起来要等于100%。

一般来说:

我觉得幸福的时间占_____%;

我觉得不幸福的时间占_____%;

我既不觉得幸福也不觉得不幸福的时间占_____%。

根据对 3 050 个美国成人的统计,一般人的幸福指数是 6.92(满分为 10),一般人觉得幸福的时间占比是 54.13%,不幸福的时间占比是 20.44%,中等状态的时间占比是 25.43%。

你的测试结果如何?很显然,通过自己的情绪和精神状态就可以判断自己的幸福感。幸福感是一种主观的心理感受,因人而异,心理学上的定义也有很多种。那么你如何定义自己的幸福感呢?请填写下面的定义,并与亲朋好友交流各自的定义。

我觉得幸福就是_____

2. 幸福感的影响因素

幸 福 卡 牌

每人准备十张空白卡牌（扑克牌大小），在每一张卡牌上都写上一项对自己的幸福感有明确影响（可以让你明确地感到幸福或不幸福）的人、事、物，这样每人就有了属于自己的十张幸福卡牌。按照它们带给自己的幸福感的强烈程度排序，从最幸福到最不幸福，并记录下自己的排序。

两人一组，将自己的幸福卡牌与搭档交换，拿到对方的幸福卡牌。评估对方的十张卡牌所示的人、事、物对自己的幸福感的影响，并按照它们带给自己的幸福感的强烈程度排序，从最幸福到最不幸福，并记录下排序情况。

两人都完成以后，轮流按照从最不幸福到最幸福的顺序，依次揭晓各自手上的卡片，卡片主人给予回应，双方都揭晓后，交流彼此的排序有哪些异同，并讨论为什么同一张卡牌带给各人的幸福感可能是不一样的。

自己的幸福卡牌从最幸福到最不幸福依次是：

_____

搭档对以上卡牌的排序，从最幸福到最不幸福依次是：

_____

对搭档的幸福卡牌排序，从最幸福到最不幸福依次是：

_____

搭档对其幸福卡牌的排序，从最幸福到最不幸福依次是：

_____

产生这样的差异的原因可能是：

_____

统计、整理全班的幸福卡牌，统计大家都比较看重的幸福因素有哪些，交流一下这些比较重要的幸福因素在日常生活中的出现频率以及获得的难易程度等,讨论如何开发或增添幸福的资源。

3. 发挥你的突出优势,获得持久的幸福感

积极心理学之父马丁·塞利格曼在他的《真实的幸福》一书中提出,幸福的源泉是 24 项优势,它们分别是:实现智慧与知识美德的好奇心、喜爱学习、判断力、创造性、社会智慧和洞察力;实现勇气美德的勇敢、毅力和正直;实现仁爱美德的仁慈与爱;实现正义美德的公民精神、公平和领导力;实现节制美德的自我控制、谨慎和谦虚;实现精神卓越美德的美感力、感恩、希望、灵性、宽恕、幽默和热忱。

你可以到他的网站 www. authentichappiness. org 上去完成一份优势调查问卷(VIA Strengths Survey),也可以通过以下问卷来找出你的突出优势。只要在生活中多多运用你的突出优势,你就能拥有更多的积极情绪和持续的幸福感。

优 势 测 试

(1) 好奇心,对世界的兴趣

A. "我对世界总是很好奇"这句话:

　　5 非常符合我　4 符合我　3 既没有符合也没有不符合

　　2 不符合我　1 非常不符合我

B. "我很容易感到厌倦"这句话:

　　1 非常符合我　2 符合我　3 既没有符合也没有不符合

　　4 不符合我　5 非常不符合我

上面两项的分数加起来是_____,这是你的好奇心的分数。

(2) 喜爱学习

A. "每次学新东西我都很兴奋"这句话:

　　5 非常符合我　4 符合我　3 既没有符合也没有不符合

　　2 不符合我　1 非常不符合我

B．"我从来不会特意去参观博物馆或其他教育性场所"这句话：

    1 非常符合我   2 符合我   3 既没有符合也没有不符合

    4 不符合我   5 非常不符合我

上面两项的分数加起来是_____，这是你的喜爱学习的分数。

（3）判断力、判断思维、思想开放

A．"不管是什么主题，我都可以很理性地去思考它"这句话：

    5 非常符合我   4 符合我   3 既没有符合也没有不符合

    2 不符合我   1 非常不符合我

B．"我常会很快作出决定"这句话：

    1 非常符合我   2 符合我   3 既没有符合也没有不符合

    4 不符合我   5 非常不符合我

上面两项的分数加起来是_____，这是你的判断力的分数。

（4）创造性、实用智慧、街头智慧

A．"我喜欢以不同的方式去做事情"这句话：

    5 非常符合我   4 符合我   3 既没有符合也没有不符合

    2 不符合我   1 非常不符合我

B．"我的大多数朋友都比我有想象力"这句话：

    1 非常符合我   2 符合我   3 既没有符合也没有不符合

    4 不符合我   5 非常不符合我

上面两项的分数加起来是_____，这是你的创造性的分数。

（5）社会智慧、个人智慧、情商

A．"不论是什么样的社会情境我都能轻松愉快地融入"这句话：

    5 非常符合我   4 符合我   3 既没有符合也没有不符合

    2 不符合我   1 非常不符合我

B．"我不太知道别人在想什么"这句话：

    1 非常符合我   2 符合我   3 既没有符合也没有不符合

    4 不符合我   5 非常不符合我

上面两项的分数加起来是_____，这是你的社会智慧的分数。

（6）洞察力

A.“我可以看到问题的整体大方向”这句话：

　　5 非常符合我　4 符合我　3 既没有符合也没有不符合

　　2 不符合我　1 非常不符合我

B.“很少有人向我求助”这句话：

　　1 非常符合我　2 符合我　3 既没有符合也没有不符合

　　4 不符合我　5 非常不符合我

上面两项的分数加起来是_____,这是你的洞察力的分数。

（7）勇敢、勇气

A.“我常常面对强烈的反对”这句话：

　　5 非常符合我　4 符合我　3 既没有符合也没有不符合

　　2 不符合我　1 非常不符合我

B.“痛苦和失望常常打倒我”这句话：

　　1 非常符合我　2 符合我　3 既没有符合也没有不符合

　　4 不符合我　5 非常不符合我

上面两项的分数加起来是_____,这是你的勇敢的分数。

（8）毅力、勤劳、勤勉

A.“我做事都有始有终”这句话：

　　5 非常符合我　4 符合我　3 既没有符合也没有不符合

　　2 不符合我　1 非常不符合我

B.“我做事时常会分心”这句话：

　　1 非常符合我　2 符合我　3 既没有符合也没有不符合

　　4 不符合我　5 非常不符合我

上面两项的分数加起来是_____,这是你的毅力的分数。

（9）正直、真诚、诚实

A.“我总是信守诺言”这句话：

　　5 非常符合我　4 符合我　3 既没有符合也没有不符合

　　2 不符合我　1 非常不符合我

B. "我的朋友从来没说过我是个实在的人"这句话：

　　1 非常符合我　2 符合我　3 既没有符合也没有不符合

　　4 不符合我　5 非常不符合我

上面两项的分数加起来是_____，这是你的正直的分数。

（10）仁慈与慷慨

A. "上个月我曾主动去帮邻居/同学/同事的忙"这句话：

　　5 非常符合我　4 符合我　3 既没有符合也没有不符合

　　2 不符合我　1 非常不符合我

B. "我对别人的好运不像对我自己的好运那样激动"这句话：

　　1 非常符合我　2 符合我　3 既没有符合也没有不符合

　　4 不符合我　5 非常不符合我

上面两项的分数加起来是_____，这是你的仁慈的分数。

（11）爱与被爱

A. "在我的生活中，有很多人关心我的感觉和幸福，就像关心他们自己一样"这句话：

　　5 非常符合我　4 符合我　3 既没有符合也没有不符合

　　2 不符合我　1 非常不符合我

B. "我不太习惯接受别人对我的爱"这句话：

　　1 非常符合我　2 符合我　3 既没有符合也没有不符合

　　4 不符合我　5 非常不符合我

上面两项的分数加起来是_____，这是你的爱的分数。

（12）公民精神、责任、团队精神、忠诚

A. "为了集体，我会尽最大努力"这句话：

　　5 非常符合我　4 符合我　3 既没有符合也没有不符合

　　2 不符合我　1 非常不符合我

B. "我对牺牲自己利益去维护集体利益很犹豫"这句话：

　　1 非常符合我　2 符合我　3 既没有符合也没有不符合

　　4 不符合我　5 非常不符合我

上面两项的分数加起来是_____，这是你的公民精神的分数。

（13）公平与公正

A．"我对所有人一视同仁,不管他是谁"这句话：

　　5 非常符合我　　4 符合我　　3 既没有符合也没有不符合

　　2 不符合我　　1 非常不符合我

B．"如果我不喜欢这个人,我很难公正地对待他"这句话：

　　1 非常符合我　　2 符合我　　3 既没有符合也没有不符合

　　4 不符合我　　5 非常不符合我

上面两项的分数加起来是_____，这是你的公平的分数。

（14）领导力

A．"我可以让人们为了共同的目标而努力,而且不必反复催促"这句话：

　　5 非常符合我　　4 符合我　　3 既没有符合也没有不符合

　　2 不符合我　　1 非常不符合我

B．"我对计划集体活动不太在行"这句话：

　　1 非常符合我　　2 符合我　　3 既没有符合也没有不符合

　　4 不符合我　　5 非常不符合我

上面两项的分数加起来是_____，这是你的领导力的分数。

（15）自我控制

A．"我可以控制我的情绪"这句话：

　　5 非常符合我　　4 符合我　　3 既没有符合也没有不符合

　　2 不符合我　　1 非常不符合我

B．"我的节食计划总是虎头蛇尾,半途而废"这句话：

　　1 非常符合我　　2 符合我　　3 既没有符合也没有不符合

　　4 不符合我　　5 非常不符合我

上面两项的分数加起来是_____，这是你的自我控制的分数。

（16）谨慎、小心

A．"我避免参与有身体危险的活动"这句话：

　　5 非常符合我　　4 符合我　　3 既没有符合也没有不符合

2 不符合我　1 非常不符合我

B. "我有时交错了朋友或找错了恋爱对象"这句话：

　　1 非常符合我　2 符合我　3 既没有符合也没有不符合

　　4 不符合我　5 非常不符合我

上面两项的分数加起来是_____,这是你的谨慎的分数。

（17）谦虚

A. "当人们称赞我时,我常转移话题"这句话：

　　5 非常符合我　4 符合我　3 既没有符合也没有不符合

　　2 不符合我　1 非常不符合我

B. "我常常谈论自己的成就"这句话：

　　1 非常符合我　2 符合我　3 既没有符合也没有不符合

　　4 不符合我　5 非常不符合我

上面两项的分数加起来是_____,这是你的谦虚的分数。

（18）美感力,对美和卓越的欣赏

A. "在过去的这个月,我曾被音乐、艺术、戏剧、电影、运动、科学或数学等
　　领域的某一个方面感动"这句话：

　　5 非常符合我　4 符合我　3 既没有符合也没有不符合

　　2 不符合我　1 非常不符合我

B. "我去年没有创造出任何美的东西"这句话：

　　1 非常符合我　2 符合我　3 既没有符合也没有不符合

　　4 不符合我　5 非常不符合我

上面两项的分数加起来是_____,这是你的美感力的分数。

（19）感恩

A. "即使别人帮我做了很小的事情,我也会说谢谢"这句话：

　　5 非常符合我　4 符合我　3 既没有符合也没有不符合

　　2 不符合我　1 非常不符合我

B. "我很少停下来想想自己有多幸运"这句话：

　　1 非常符合我　2 符合我　3 既没有符合也没有不符合

4 不符合我　5 非常不符合我

上面两项的分数加起来是_____，这是你的感恩的分数。

（20）希望、乐观、展望未来

A．"我总是看到事情好的一面"这句话：

　　5 非常符合我　4 符合我　3 既没有符合也没有不符合

　　2 不符合我　1 非常不符合我

B．"我很少对要做的事情有周详的计划"这句话：

　　1 非常符合我　2 符合我　3 既没有符合也没有不符合

　　4 不符合我　5 非常不符合我

上面两项的分数加起来是_____，这是你的希望的分数。

（21）灵性、目标感、信仰、宗教

A．"我对生命有强烈的目标感"这句话：

　　5 非常符合我　4 符合我　3 既没有符合也没有不符合

　　2 不符合我　1 非常不符合我

B．"我的生命没有目标"这句话：

　　1 非常符合我　2 符合我　3 既没有符合也没有不符合

　　4 不符合我　5 非常不符合我

上面两项的分数加起来是_____，这是你的灵性的分数。

（22）宽恕与慈悲

A．"过去的事我都让它过去"这句话：

　　5 非常符合我　4 符合我　3 既没有符合也没有不符合

　　2 不符合我　1 非常不符合我

B．"有仇不报非君子，总要报了才甘心"这句话：

　　1 非常符合我　2 符合我　3 既没有符合也没有不符合

　　4 不符合我　5 非常不符合我

上面两项的分数加起来是_____，这是你的宽恕的分数。

（23）幽默

A．"我总是尽量将工作与玩耍融合在一起"这句话：

5 非常符合我　4 符合我　3 既没有符合也没有不符合

2 不符合我　1 非常不符合我

B. "我很少说好玩的事"这句话：

1 非常符合我　2 符合我　3 既没有符合也没有不符合

4 不符合我　5 非常不符合我

上面两项的分数加起来是_____,这是你的幽默的分数。

（24）热忱、热情

A. "我对每一件事都全力以赴"这句话：

5 非常符合我　4 符合我　3 既没有符合也没有不符合

2 不符合我　1 非常不符合我

B. "我老是拖拖拉拉"这句话：

1 非常符合我　2 符合我　3 既没有符合也没有不符合

4 不符合我　5 非常不符合我

上面两项的分数加起来是_____,这是你的热忱的分数。

测试结果解读说明

一般来说,你会有 5 项或少于 5 项得到 9 分或 10 分,这是你的突出优势,至少你现在是这样觉得的。请把它们圈出来。你也会有一些项目得了 4—6 分的低分数,这可能就是你现在的劣势。建议你在日常生活中尽量将自己的优势发挥出来,一直运用你的突出优势,它们是你获得幸福感的重要因素。要建构好的生活就要展现你的优势,把它们变得更好,并且用它们来抵抗你的劣势以及这些劣势带给你的不愉快。

透视你的优势

■ 智慧与知识
1. 好奇心_____　2. 喜爱学习_____　3. 判断力_____
4. 创造性_____　5. 社会智慧_____　6. 洞察力_____

■ 勇气 　7. 勇敢_____　8. 毅力_____　9. 正直_____	
■ 仁爱 　10. 仁慈_____　11. 爱_____	
■ 正义 　12. 公民精神_____　13. 公平_____　14. 领导力_____	
■ 节制 　15. 自我控制_____　16. 谨慎_____　17. 谦虚_____	
■ 精神卓越 　18. 美感力_____　19. 感恩_____　20. 希望_____ 　21. 灵性_____　22. 宽恕_____　23. 幽默_____ 　24. 热忱_____	

你的突出优势塑造着真正的你,也可能有那么一两项不那么如意,你可以做得很好但你不一定真心喜欢。请用下面这些标准去评估你的突出优势:

(1) 这项优势让你产生真实感及拥有感(这是真正的我)。

(2) 当你展现你的某一项优势时,你很兴奋,尤其是第一次展现时。

(3) 刚开始练习这项优势时,有快速上升的学习曲线。

(4) 你会不断学习新方法来加强你的这项优势。

(5) 你渴望有别的方式去展现你的优势。

(6) 在展现优势时有一种必然如此的感觉。

(7) 运用这项优势时,你会越用情绪越高昂,而不是越用越疲惫。

(8) 你追求的目标都是围绕你的这项优势的。

(9) 在运用这项优势时,你会感到欢乐、热情高涨甚至是狂喜。

如果你的优势符合上述标准中的一条,那这就是你的突出优势了。尽量在不同场合使用你的优势,每一天都努力去运用,以得到满足和幸福,并努力将其用在有意义的事情上,过有意义的生活。

（选自《真实的幸福》,有删改。）

"幸福明星"尼克·胡哲

尼克·胡哲,1982 年 12 月 4 日出生于澳大利亚墨尔本,是塞尔维亚裔澳大利亚籍基督教布道家,著名残疾人励志演讲家。他天生没有四肢,但勇于面对身体的残障,创造了生命的奇迹。

尼克常常以自身的经历到世界各地宣扬乐观的精神和鼓励有困难的人。他同时也是一家非政府机构"没有四肢的生命"(Life Without Limbs)的创办人兼行政总裁。2012 年 2 月 12 日,尼克与宫原佳苗结为夫妇。2013 年 2 月 14 日凌晨,他们的儿子清志·詹姆斯·胡哲出生。

尼克游历了二十多个国家,与全世界超过两百万人分享他的个人经历和对生命的热爱。尼克曾与不同年龄、来自社会各阶层的人,在不同的场合(包括校园、监狱、孤儿院、医院以及社区)接触。无论是与人面对面地单独交谈,还是在小组里,或在数万人就座的体育馆里,他都告诉人们,其实每个人的生命都有着自己独特的价值和目的,明白这一点便能帮助人们克服生命中的许多挣扎。

尼克曾于 2008 年和 2009 年受邀访问中国。他曾在清华大学、首都师范大学和复旦大学等高校,向超过一万名大学生发表演说。同时,他也到过四川向地震灾区孤儿及受灾青少年发表演说。他触动了许多人的心灵,也改变了许多人的生活。

设法了解更多尼克的故事,并思考以下问题:

目前为止,你对自己的幸福感了解多少? 谁决定了你的幸福感?

满分是 10 分的话，你希望自己的幸福感达到几分？目前你有几分？怎样才能让你的幸福感提升 1 分或维持在理想分数？为此你可以做些什么？

积极心理学之父的"塞氏幸福法则"

塞氏幸福法则 1：过去的就让它过去

过去的事不能决定你的未来，过去的不幸不能决定你以后会出现什么样的问题，你没有任何理由将自己的抑郁、焦虑、学业不如意、交往问题、易怒或游戏成瘾等，都怪罪到过去的事件上去。对过往的美好时光不能心存感激和欣赏，对过去的不幸夸大其词、念念不忘，是人们得不到平静、满足和满意的罪魁祸首。感恩和宽恕能改变你的记忆，感恩能增强你的美好的感受，而宽恕将剔除痛苦扎在你心中的那根刺。

塞氏幸福法则 2：未来不全像你想象

接受未来的出乎意料，有出乎意料的失败，才会有出乎意料的成功。乐观的人会将好事归因为自己的人格特质或能力，所以好事是持久的，且乐观的人因此认为自己各方面都可以很棒；悲观的人则认为好事是暂时的，而且这方面好不代表其他方面也会好。乐观者遇到挫折之后会很快反弹、重新振作，而成功时会再接再厉，最终获得全面的胜利。悲观者碰到挫折就会垮掉，很难东山再起，获得成功时也不会乘胜追击，最终成功难以长久或彻底。

塞氏幸福法则 3：抓住现在的幸福

避免习惯于不幸，或者习惯于忽略已有的幸福。跟其他人分享你的愉快，并在生活里保留能唤起你愉快记忆的东西，时常祝贺自己，庆祝好的感受，打开所有的感官通道,放慢节奏,用心去感受生活的美好,专注地品味幸福的细节。想要让自己满意幸福很简单——做有挑战且需要技术的事,有明确可测量的目标,能得到及时的反馈,保持可控感,集中注意力,深深地投入甚至到忘我的境界。

真实的幸福

《真实的幸福》是美国心理学家马丁·塞利格曼的著作,开启了心理学界积极导向的革命,开创了积极心理学的新时代。马丁·塞利格曼曾以最高票数当选美国心理学会主席,是积极心理学之父。传统的心理学主要关心心理困扰与精神疾病,忽略了生命的快乐和意义,塞利格曼正是希望校正这种关注的偏向,帮助人们专注于追求真实的幸福与美好的人生。请阅读此书,尝试找到以下问题的答案:为何人们会有幸福感?谁会有很多的幸福感?如何在生活中建立持久的幸福感?

···

【课外行动】

听着让自己感到幸福的歌曲,同时在脑海中幸福漫步,然后写下你的幸福秘诀,让幸福主动来敲门。

列出生活中能让你感到更幸福的人、事、物,创建一份属于自己的幸福清单。观察其中哪些是每天都会出现在你生活中的,哪些通过你努力争取可以更多地出现在你的生活中。

不断丰富你的幸福清单,并常常感恩和品味幸福的细水长流。

本课学习感悟整理

本课令我印象深刻的内容有：	学习中和学习后,我感到：
以后的学习生活中,我可以：	我有这样一些新的发现：

第 4 章　情绪进阶密码

　　情绪的愉悦显然不是人生追求的全部和终点。美好的生活在愉悦的生活之上，而有意义的生活又超越美好的生活。积极心理学带领人们去寻找生命的目的，让人们不只拥有愉悦和美好的生活，更能实现人生的意义。

　　美好的生活来自每一天都运用你的突出优势，而有意义的生活还要在此基础上加上一个条件——将这些优势用于增加知识、力量和美德。

第14课 突破情商看逆商

【课前热身】

如果还有明天

　　《如果还有明天》的原唱是二十世纪七八十年代的"台湾摇滚之父"薛岳，他三十多岁时被确诊患有末期癌症。他的好友兼音乐人刘伟仁得知后，创作了这首《如果还有明天》送给他。但最终薛岳还是在三十六岁的时候离开了这个世界。面对命运的安排、现实的无奈，一个面临死亡的人唱出这首歌的感觉不是颓废不是悲痛，而是将剩余的生命激情挥洒，给出对这个美好世界的最终的告白，更多的还有他的不舍和他不服命运安排的抗争。

　　苏见信（信）和刘伟仁、薛岳并不是同时代的人，但他在他的专辑《感谢自选辑》中把《如果还有明天》作为主打歌，向摇滚前辈薛岳致敬。信的极富穿透力的嗓音、薛岳的高亢歌声还有柯有伦的最后那一段震撼的 RAP 组合在一起，通过现代科技，实现了三个人跨越时空的合唱。

　　师生一同欣赏这首歌曲，体会歌曲中对生命的热爱和感悟：

　　我们都有看不开的时候/总有冷落自己的举动/但是我一定会提醒自己/如果还有明天/我们都有伤心的时候/总不在乎这种感受/但是我要把握每次感动/如果还有明天/如果还有明天/你想怎样装扮你的脸/如果没有明天/要怎么说再见……

　　如果你看出我的迟疑/是不是你也想要问我/究竟有多少事还没做/如果还

有明天/如果真的还能够有明天/是否能把事情都做完/是否一切也将云消烟散/如果没有明天/如果还有明天/你想怎样装扮你的脸/如果没有明天/要怎么说再见

[RAP]

1990 的秋天　演完最后一场　生老病死的对话　送来新的希望

下雨了　下雨了　那是你的眼泪吗　将我淋湿可以吗　让我感受你的痛啊

笑我吧　不管黑夜是否太傻　笑我吧　走在边缘只剩挣扎

笑我吧　哈哈哈哈哈　还有明天

1990 的秋天　演完最后一场　生老病死的对话　送来新的希望

下雨了　那是你的眼泪吗　将我淋湿可以吗　好让我感受你的痛啊

笑我吧　不管黑夜是否太傻　笑我吧　走在边缘只剩挣扎

笑我吧　哈哈哈哈哈　还有明天

希望这掌声你也能够听得到　希望我们的梦想永远不会被忘掉

希望有一天　哈　哈　Oh　可以再见面

逆 境 商 数

逆商(Adversity Quotient, AQ)，全称是"逆境商数"，又被译为"挫折商"或"逆境商"。它是指人们面对逆境时的反应方式，即应对挫折、摆脱困境和超越困难的能力。它是美国职业培训师保罗·斯托茨提出的概念。

保罗·斯托茨将逆商分为四个部分，即控制感、起因和责任归属、影响范围、持续时间。

控制感，指人们对周围环境是否可控的信念。面对逆境或挫折

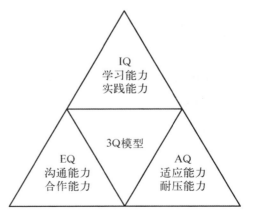

时,控制感弱的人只会逆来顺受、听天由命,而控制感强的人则会主动地改变所处环境,相信人定胜天。控制感弱的人经常说:"我无能为力,我能力不及。"控制感强的人则会说:"虽然很难,但这算什么,一定有办法。"

起因和责任归属,指个体如何解释造成自己陷入逆境的原因。大致可以分成两类。第一类为内因(内因是事物存在的基础,它是一个事物区别于其他事物的内在本质,是事物运动的源泉和动力,规定着事物运动和发展的基本趋势):自己的疏忽、无能、未尽全力。把逆境过度归结为内因往往表现为过度自责、意志消沉、自怨自艾、自暴自弃。第二类为外因(外因是事物存在和发展的外部条件,它通过内因作用于事物的存在和发展,加速或延缓事物的发展进程,不能改变事物的根本性质和发展的基本方向):合作伙伴配合不利、时机尚未成熟,或者外界存在不可抗力。把逆境归结为外因就不容易动摇自己内在的信念或怀疑自己,但容易怨天尤人。外因是变化的条件,内因是变化的根据,外因通过内因而起作用。因内因陷入逆境的人可能会说:"都是我的错,我注定要失败。"因外因陷入逆境的人可能会说:"全是时机不成熟,事前怎么就没想到会发生这样的情况呢?"高逆商者,往往能够客观、清楚地认识使自己陷入逆境的原因,并愿承担自己的责任,能够及时地采取有效行动,痛定思痛,在跌倒处再次爬起。

影响范围,指逆境对个体的影响范围。高逆商者,往往能够将在某一范围内陷入逆境所带来的负面影响控制在这一范围内,并能够将其负面影响程度降至最低。身陷学习中的逆境,就仅限于此,而不会影响自己的工作和家庭生活;与家人吵架,就仅限于此,而不会因此迁怒他人;为事争执,就仅限于此,而不致对争执的人也有看法。越能够把握逆境的影响范围,就越可以把挫折视为特定事件,越觉得自己有能力处理。

持续时间。逆境所带来的负面影响既有影响范围问题,又有影响时间问题。逆境将持续多久?逆境的起因将持续多久?逆商低的人往往会认为逆境将长时间持续,事实便会如他们所想。

(选自《AQ逆境商数》,有删改。)

【课堂活动】

1. 你的乐观程度

乐 观 测 验

请根据你通常的情况作答,如果是没有遇到过的情况,请选择你认为更符合自己的选项。

(1) 你和你的好朋友在一场争吵后和解了。	PmG
A. 我原谅了他/她。	0
B. 我通常是个宽宏大量的人。	1
(2) 你忘掉了最重要的人的生日。	PmB
A. 我不擅长记生日。	1
B. 我全神贯注于其他事情。	0
(3) 有人匿名送你一束鲜花。	PvG
A. 对他/她而言,我是有魅力的。	0
B. 我是一个受欢迎的人。	1
(4) 你竞选一个职位而且当选了。	PvG
A. 我花了很多时间和精力在选拔上。	0
B. 我对每一件事情都会全力以赴。	1
(5) 你忘记了一个重要的约会。	PvB
A. 有时我的记性不好。	1
B. 有时我忘了检查我的记事本。	0
(6) 你的晚宴(组织的饭局)很成功。	PmG

A. 我那天晚上把大家招待得很到位。 0

B. 我是个很好的主人。 1

（7）你因为开车闯红灯而被罚款。 PmB

    A. 我喜欢开快车。 1

    B. 我当时太疲劳了。 0

（8）你的助手帮你赚了很多钱。 PmG

    A. 我的助手决定冒险试试新的营销办法。 0

    B. 我的助手是一流的营销人才。 1

（9）你赢了一项体育比赛。 PmG

    A. 我当时感觉自己所向无敌。 0

    B. 我训练很刻苦。 1

（10）你未通过一项重要的考试。 PvB

    A. 我不够聪明，比不上其他同学。 1

    B. 我没有好好准备这次考试。 0

（11）你特地为朋友准备了一道菜，但他连碰都没碰。 PvB

    A. 我不是个好厨师。 1

    B. 我准备那顿饭时太匆忙了。 0

（12）你输掉了一场准备已久的比赛。 PvB

    A. 我不是很擅长运动。 1

    B. 我并不擅长那项运动。 0

（13）你对朋友发了脾气。 PmB

    A. 他/她总是唠叨我。 1

    B. 他/她当时有敌意。 0

（14）你因违章停车而被罚款。 PmB

    A. 我总是对交通法规不很清楚。 1

    B. 我最近工作太忙，没有注意这个问题。 0

（15）你想与某人约会，但他/她拒绝你了。 PvB

    A. 我不擅长约会。 1

B. 我去约他／她时，紧张得说不出话来。 0

（16）在聚会时常有人邀你表演。 PmG

    A. 在聚会上，我很擅长交际。 1

    B. 那天我表现得很完美。 0

（17）你在面试时表现良好。 PmG

    A. 面试时我很自信。 0

    B. 我很会面试。 1

（18）你的领导没有给你足够的时间去完成某项工作，不过你还是

    按时完工了。 PvG

    A. 我对我的工作很在行。 0

    B. 我是个很有效率的人。 1

（19）你最近感到精疲力竭。 PmB

    A. 我从来就没有休息的机会。 1

    B. 这个星期我实在太忙了。 0

（20）你挽救了一次低效的会议讨论。 PvG

    A. 我知道提高这种会议的效率的技巧。 0

    B. 我知道在危急时刻该如何处理。 1

（21）你的恋人想暂时冷却你们的感情一阵子。 PvB

    A. 我太自我中心了。 1

    B. 我冷落了他／她，没有花很多时间在他／她身上。 0

（22）朋友的一句话伤了你的心。 PmB

    A. 他／她每次都是这样讲话不经过大脑，不考虑对方的感受。 1

    B. 他／她今天心情不好，拿我撒气呢。 0

（23）你的领导向你寻求忠告。 PvG

    A. 我是这个领域的专家。 0

    B. 我很会提出有用的建议。 1

（24）你的朋友感谢你帮助他度过了一段困难的时光。 PvG

    A. 我喜欢帮助人渡过难关。 0

B. 我关心别人。　　　　　　　　　　　　　　　　　　1

（25）你的医生告诉你,你的身体状况很好。　　　　　　　PvG

　　A. 我经常运动。　　　　　　　　　　　　　　　　　　0

　　B. 我非常在意健康。　　　　　　　　　　　　　　　　1

（26）你的好朋友带你度过了一个愉快的周末。　　　　　　PmG

　　A. 他需要休息几天。　　　　　　　　　　　　　　　　0

　　B. 他喜欢去探索新的地方。　　　　　　　　　　　　　1

（27）你被请去负责一个重要项目。　　　　　　　　　　　PmG

　　A. 我最近刚完成一个类似的项目。　　　　　　　　　　0

　　B. 我是一个很好的组织者。　　　　　　　　　　　　　1

（28）你滑雪时常摔跤。　　　　　　　　　　　　　　　　PmB

　　A. 滑雪是一项很难的运动。　　　　　　　　　　　　　1

　　B. 滑雪道上有冰。　　　　　　　　　　　　　　　　　0

（29）你赢得了一项很有声望的奖项。　　　　　　　　　　PvG

　　A. 我解决了一个重要的问题。　　　　　　　　　　　　0

　　B. 我是最棒的。　　　　　　　　　　　　　　　　　　1

（30）你被领导批评。　　　　　　　　　　　　　　　　　PvB

　　A. 我当时做错了一件事情。　　　　　　　　　　　　　1

　　B. 我的能力有限。　　　　　　　　　　　　　　　　　0

（31）你放假时胖了,现在瘦不下来了。　　　　　　　　　PmB

　　A. 从长远来说,节食其实没什么用。　　　　　　　　　1

　　B. 我试的这个节食办法没用。　　　　　　　　　　　　0

（32）你组织的一次集体活动效果不佳。　　　　　　　　　PvB

　　A. 我跟有些人的关系不好,他们对我不认可。　　　　　1

　　B. 我有时高估了我的组织能力。　　　　　　　　　　　0

计 分 方 法

对事情的解释风格有两个维度——永久性和普遍性。

永久性维度：乐观型的人通常把好事归因为自己的性格好、能力强，把好事看成是持续、永久的，把坏事看成是偶然、暂时的；悲观型的人则相反，把坏事归因为自己的性格差、能力弱，把坏事看成持续、永久的，把好事看成是偶然运气好。

普遍性维度：乐观型的人通常把坏事看作是特定的、单独的，好事则可以惠及其他；悲观型的人相反，把坏事看作是普遍的，一件事不好，件件事情都不好，好事倒是稀有、孤立的。很显然，悲观型的人会把无助感带到生活的各个方面，乐观型的人则会控制无助感影响的面。

PmB（Permanent Bad，永久性的坏事）：第（2）、（7）、（13）、（14）、（19）、（22）、（28）、（31）题得分总和

PmG（Permanent Good，永久性的好事）：第（1）、（6）、（8）、（9）、（16）、（17）、（26）、（27）题得分总和

PvB（Pervasiveness Bad，普遍性的坏事）：第（5）、（10）、（11）、（12）、（15）、（21）、（30）、（32）题得分总和

PvG（Pervasiveness Good，普遍性的好事）：第（3）、（4）、（18）、（20）、（23）、（24）、（25）、（29）题得分总和

得分解释表

	非常乐观	中等乐观	平均水平	悲　观	非常悲观
PmB	0 或 1	2 或 3	4	5 或 6	7 或 8
PmG	7 或 8	6	4 或 5	3	0、1 或 2
PvB	0 或 1	2 或 3	4	5 或 6	7 或 8
PvG	7 或 8	6	4 或 5	3	0、1 或 2

HoB（无望分数）＝PmB＋PvB

HoG（希望分数）＝PmG＋PvG

	满怀希望	中等有希望	平均水平	中等无望	非常绝望
HoG－HoB	10—16	6—9	1—5	0—－5	－5 以下

你的测试结果如何？你是否希望自己能有所改变？如果是的话，可以从哪里做起？

_____

_____

（选自《真实的幸福》，有删改。）

2. 角色体验

天 使 与 魔 鬼

学生分成三人小组。小组成员抽取"天使"、"魔鬼"、"凡人"角色签，分别确定每个人扮演的角色。

首先，由"凡人"讲述最近发生在自己身上的一件挫败、不顺利的事情，讲明事情的起因、经过和当时的结果。

接下来有三分钟的时间，"天使"和"魔鬼"针对这件事，轮流对"凡人"进行观点轰炸——"天使"尽量把事情往积极的方面讲，说明这件事可能带来的有益的结果，由此又可以有进一步的更好的结果；"魔鬼"尽量把事情往坏的方面讲，说明这件事可能造成的损害，由此又可能导致更坏的结果。扮演"天使"和"魔鬼"的同学请尽可能地发挥想象，联想可以夸张、极端，甚至穷追不舍，可参考之前学过的箭头向下不断追问的技术。

结束后，"凡人"反馈自己目前对这件事情的感想。

交换角色，轮流体验。

活动完成之后，先在小组内讨论，再全班交流：

哪一个角色最难？难在哪里？生活中也是这样吗？有何异同？

_____

_____

事实的结果通常是更接近"天使"的说法还是"魔鬼"的说法？有什么办法

可以尽可能让坏事产生好的影响？

_____

_____

3. 突破困境

突破困境的问题清单

请按照顺序,认真地思考和回答下面的问题。

（1）你现在所面临的困境是什么？你是如何应对的？

_____

（2）如果突破了目前的困境,你的生活会有哪些不同？

_____

（3）过去你是否遇到过与目前类似的困境？你是如何克服的？

_____

（4）过去遇到的其他困境你是如何应对的？有哪些有效的方法？

_____

（5）目前要突破困境最大的挑战或阻碍是什么？

_____

（6）你知道谁成功克服了类似的困境？他是如何做到的？如果可以,你猜他会给你什么建议？

_____

（7）什么人、事、物,可以帮助你克服目前的困境？

_____

（8）你克服目前困境的决心和信心有几分？为什么？需要什么才能让你的评分增加 1 分？

_____

（9）如有一位十分了解你的人来给你克服目前困境的决心和信心打分，他会打几分？发生什么可令他的评分增加 1 分？

（10）若目前的困境一时无法突破，你如何支持自己接受事实或与之对峙？

完成之后，组成两人小组，交流彼此的答案。也可以用相互提问的方式，两人一组进行对话。

还可以在两人小组的基础上加入第三个人，专门负责观察和记录两人的对话过程。对话完成后，观察的同学给两位对话的同学反馈：刚才两位的语气语调、表情姿态等，有什么有意思的变化，谈到哪个部分的时候，回答问题的同学有了明显的不同，以及自己从两人的谈话中受到什么样的启发，有没有类似的经验可以分享，等等。

在遭遇困境的挑战时，要想顺利地突破困境，最关键的是什么呢？分享各自有哪些经验。

....

【拓展学习】

画 里 画 外

《跳楼》是漫画家朱德庸的一部作品，描述了一个跳楼轻生的人从 11 楼跳下后,看到的 10 楼、9 楼等每一层楼的住户家中正在经历的生活挑战。

师生一同观赏这部作品,然后思考和讨论以下问题:

假设你是上帝,漫画中这位跳楼的主角后悔了,请求你给她一次重新活过的机会,那么,她承诺作出哪些改变,你会实现她的愿望?

_____

_____

如果你是这位主角,你在重生以后会跟之前活着的时候有哪些不同?

_____

_____

肖申克的救赎

《肖申克的救赎》是一部经典励志电影,影片讲述了一个突破困境、重获新生的故事。

1947 年,银行家安迪被指控枪杀了妻子及其情人,因而被判无期徒刑,这意味着他将在肖申克监狱中度过余生。瑞德 1927 年因谋杀罪被判无期徒刑,数次假释都未获成功,是监狱中的资深"权威",有非常丰富的经验和人脉,只要付得起钱,他几乎可以设法搞到任何东西。每当有新囚犯到来时,囚犯们都会赌,谁会在第一个夜晚哭泣。瑞德认为文质彬彬的安迪一定会哭,结果安迪的沉默使他输掉了两包烟,同时也使瑞德对安迪另眼相看。

入狱后很长时间,安迪不和监狱里的任何人接触,在大家报怨监狱的苦难时,他在院子里悠闲地散步,就像是在逛公园。一个月后,安迪请瑞德帮他搞的第一件东西是一把小的鹤嘴锄,他说想雕刻一些小东西以消磨时光,并会设法逃过狱方的例行检查。不久,瑞德就玩上了安迪刻的国际象棋。之后,安迪又搞了一张巨幅海报贴在牢房的墙上。

一次,安迪和另几个犯人外出劳动,无意间听到狱警队长在讲有关缴纳税金的事。于是安迪跟狱警队长说,他有办法可以使狱警队长合法地免去一大笔税金,作为交换,他为十几个犯人朋友每人挣得了两瓶啤酒。喝着安迪挣来的啤酒,瑞德说多年来他第一次感受到了自由。由于安迪精通财务方面的知识,很快便得到了狱警队长的赏识和重用,这也使他摆脱了狱中繁重的体力劳动和其他囚犯的骚扰。不久,声名远扬的安迪开始为越来越多的狱警处理税务问题,也逐步成为监狱长沃登洗黑钱的重要助手。同时,由于安迪不停地写信给州长,终于为监狱申请到资金,用于监狱图书馆的建设,改善了犯人们的生活条件。监狱生活非常枯燥,犯人们的精神生活十分匮乏,安迪听说瑞德原来很喜欢吹口琴,就买了一把送给他。从此,夜深人静之后,常常可以听到悠扬而轻微的口琴声。

一个年轻犯人的到来打破了安迪平静的狱中生活:他在另一所监狱服刑时听到过安迪的案子,他知道谁是真凶!但当安迪向监狱长提出重新审理此案的要求时,却遭到拒绝,并受到单独禁闭两个月的重惩。因为安迪已经是监狱长和狱警们不可或缺的"工具"了!为了防止安迪获释,监狱长设计害死了这名知情人。面对残酷的现实,安迪变得很消沉。有一天,他对瑞德说:"如果有一天,你可以出狱,一定要到某个地方替我完成一个心愿。那是我第一次和妻子约会的地方,去把那里一棵大橡树下的一个盒子挖出来。到时你就知道是什么了。"当天夜里,风雨交加,雷声大作,已得到灵魂救赎的安迪越狱成功。原来二十年来,安迪每天都在用那把小鹤嘴锄挖洞准备越狱,然后用海报将洞口遮住。安迪出狱后,利用他帮监狱长理财的经验,从银行领走了监狱长存的黑钱,并告发了监狱长贪污受贿的真相。监狱长在自己存小账本的保险柜里见到的是安迪留下的一本圣经,第一页写着"得救之道,就在其中",圣经里边还有个挖空的部分,用来藏挖洞的鹤嘴锄。

经过四十年的监狱生活,瑞德终于获得释放,他在与安迪约定的橡树下找到了一盒现金和一封安迪亲手写的信,两个老朋友终于在墨西哥阳光明媚的海滨重逢。

请观赏电影,并思考:

你对安迪的命运作何评价?你认为安迪最后脱离困境,是倚仗了哪些条件?

当你遭遇困境时,最能鼓舞和支持你的是什么?

抗 逆 力

抗逆力(Resilience),也被称为"复原力"、"压弹"、"心理弹性"、"心理韧性"等,大致相当于"挫折承受力"、"耐挫力"等概念,是指一个人处于困难、挫折、失败等逆境时的心理协调和适应能力,决定了个体面对逆境时能否理性地作出建设性的、正向的选择和应对。抗逆力是个体的一种心理素质,能够引领个体在身处恶劣环境时处理不利的因素,调动正面积极的资源,从而产生正面的结果。抗逆力可以通过学习而获得并且不断增强。抗逆力高的人能够以更健康的态度去面对逆境。

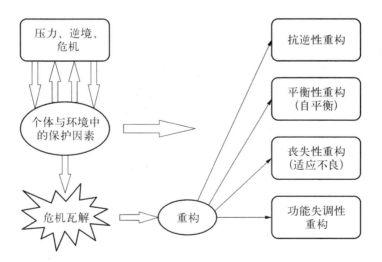

在面对逆境时,抗逆力能保全人的心理健康,让个体在战胜逆境后恢复至

逆境发生前的健康水平，甚至展示出更理想的心理状态。在克服逆境后，人们往往能够拥有更强的抗逆能力。

抗逆力的表现形式

就表现形式而言，抗逆力有常规和非常规两种形式。前者通常表现出常规的亲社会取向的行为方式——遵从社会规范与道德，认同主流社会文化，同时也得到社会的认可和接纳。后者通常表现出反传统、反社会、反主流的行为倾向，具有挑战常规、对抗权威、批判现实的特征，往往会受到长辈的指责、朋辈群体的排斥、公众舆论的压力。

抗逆力的构成要素

抗逆力有三个构成要素：外部支持因素（I have）——归属感（Belongingness）；内在优势因素（I am）——乐观感（Optimism）；效能因素（I can）——效能感（Competence）三个部分。

外部支持因素——个体所生活的环境，尤其是在这个环境中与个体发生交互影响的那些人，能够增强个体的抗逆力，构成抗逆力的外部支持因素。正向的连结关系、坚定清晰的规范、关怀支持的环境、积极合理的期望、有意义的参与机会等，构成了个体的归属感。

效能感
人际交往技巧
问题解决能力
情绪管理能力
目标订定能力

乐观感
理想自我形象
正向价值观
积极心态
良好性格

归属感
重要他人
社会参与的机会
稳定关怀的环境
可用的人际资源

内在优势因素——包括完美的个人自我形象感、积极乐观感等。个体观察自己而得到的结论和从别人那里得到的反馈构成自我形象，这对于青少年来说尤其重要，这些构成了个体的乐观感。

效能因素——包括人际交往技巧、问题解决能力、情绪管理能力及目标订定能力等。人际交往技巧是指适应不同文化的灵活性、同理心、幽默感及沟通能力;问题解决能力是指懂得运用资源及寻求帮助以应对问题的能力;情绪管理能力是指察觉自己的情绪并将其正面表达出来的能力;目标订定能力是指了解自己的目标,并具备订定计划从而达到自己的目标的能力。这些构成了个体的效能感。

抗逆力的运作机制

1990年理查森及同事通过总结前人的成果和自己的实务研究,提出抗逆力模型,用于说明个体如何产生抗逆力,抗逆力与哪些因素有关,抗逆力如何影响人的发展。

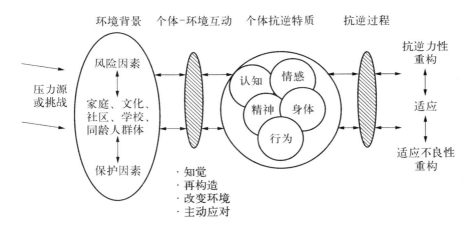

1. 抗逆力是被激发的。抗逆力是个体与生俱来的一种潜力,人在平安顺利的时候抗逆力不能得到激发,而是以一种潜伏的状态存在,犹如人格中的一种宝藏,没有逆境与压力的刺激,也许就永远沉睡了。当危机、困难袭来的时候,抗逆力被激活,迸发出巨大的力量,帮助个体应对危难,聚集力量,渡过难关。每个人都有抗逆力,也许被唤醒,也许被埋没,逆境与压力是帮助个体唤醒抗逆力、展示潜能的一种外在条件。

2. 保护因素对生命历程具有决定作用。当外在压力、危机袭来时,个体自身和环境中的保护因素会作出自动化的反应,与外在压力构成交互作用。如果个体自身或其环境中具有适配的、得力的、恰当的保护因素,就可以直接产生两种能力：一种是自我平衡能力，保证个体在压力和逆境面前维持舒适状态，平衡重构；另一种是抗逆力，调整自我，应对压力，重构生命，获得良性发展。

3. 功能失调不是逆境的唯一结果。心理扭曲、生命瓦解意味着个体保护因素作用不利，缺乏抵御和应对压力与逆境的能力，但这并不意味着生命的终结。混乱过后，生命需要重构，会出现四种可能：一是功能失调性重构，比如酗酒、吸毒、犯罪或企图自杀；二是丧失性重构，如自我价值感丧失、低自尊、自卑、自我否定、能力缺失等，这些都是非适应状态的重构，不利于个体走向良性发展；三是平衡性重构，个体保持稳定状态，继续拥有安宁舒适的生活；四是抗逆性重构，激活生命潜能，展现胜任力，战胜逆境，健康成长。

4. 抗逆力是个体与环境交互作用的结果。环境因素对个体抗逆力的形成至关重要，协助个体形成抗逆力的内在保护因素也是环境作用的产物。抗逆力，犹如一粒种子，正向的、和谐的、健康的生活环境，有利于这粒种子生根、发芽、开花、结果。如果个体面对危机与挑战时表现出抗逆力，主动调整，积极应对，就会渡过难关。

（选自《抗逆力》，有删改。）

【课外行动】

关键的不是问题，而是如何应对问题。

推荐歌曲《夜空中最亮的星》——面对困境，若有星光指引，亦可坚定前行。

阅读蔡元云的著作《改变由我开始》，标记出你最有感触的部分，想一想：从现在直到高中毕业，你可能遇到的困难有哪些？你可以为突破这些困境做些什么？你可以将突破困境的诀窍做成小卡片，随身携带，常加练习。

本课学习感悟整理

本课令我印象深刻的内容有：	学习中和学习后,我感到：
以后的学习生活中,我可以：	我有这样一些新的发现：

第15课　活出生命的意义

最后的自由

弗兰克尔是一名犹太人,1905年3月26日诞生于维也纳的一个并不富裕的犹太家庭。弗兰克尔小的时候,希望长大了能做一名医生。到了大学,随着社会活动的增多,他逐渐把兴趣转移到了心理学领域,并且和弗洛伊德、阿德勒建立了良好的关系。到了1937年,弗兰克尔已经成为一名颇具影响力的心理医生。

正当他踌躇满志、大展宏图的时候,纳粹的入侵打破了他宁静的生活。因为他的学术地位,他曾有机会去美国,但是为了他的亲人、病人,他毅然放弃了移民美国,留在了他热爱的祖国。

1942年,弗兰克尔和家人,包括他的新婚妻子,一起被纳粹逮捕,关押在集中营里。在集中营里,他尝尽了各种苦难。他先后辗转四个集中营,被迫与家人分开。他的父亲不久就因为饥饿去世。他的母亲和兄弟在1944年被纳粹残酷地杀害。而他朝思暮想的妻子则于纳粹投降前死去。而这些,弗兰克尔都是到战争结束,自己被释放后才得知的。

集中营的生活非常人所能想象。有一次,一个德国军官把他带到一间小房间训话。纳粹剥光了他的衣服,拷打他,侮辱他。经历了失去亲人、失去家园、失去尊严的痛苦的他,在此时却豁然开朗:"人所拥有的任何东西,都可以被剥夺,唯独人最后的自由,也就是在任何境遇中选择一己态度和生活方式的自由,不能被剥夺。"

后来,凭借自己惊人的意志力、对理想的追求以及与家人重聚的信念,弗兰克尔活了下来,等到了胜利的那天,走出了集中营。

相对于那些在相同经历中留下巨大创伤、虽然幸存但无法重新开始生活的人们,弗兰克尔不但拥有更加坚强、健康的心智,还根据自己的经历,提出了"意义疗法",把这一精神力量传递给无数身患精神疾患、深感不幸和痛苦的人。

同样的苦难面前,不同的人有不同的选择。你遭遇过哪些比较大的人生的挑战,或者可能遇到哪些大的人生挑战?面对生活的挑战,你希望自己作出怎样的选择,成为什么样的人?

_____

_____

_____

意 义 疗 法

意义疗法是一种在治疗策略上注重引导求助者寻找和发现生命的意义,从而树立明确的生活目标,以积极向上的态度来应对生活中的困难的心理治疗方法。该方法由心理学家弗兰克尔提出和推行。

意义疗法以存在主义哲学为思想基础。弗兰克尔认为:"人是由生理、心理和精神三方面的需求满足的交互作用统合而成的整体,生理需求的满足使人存在,心理需求的满足使人快乐,精神需求的满足使人有价值感。"对生命和生活意义的探索和追求是人类的基本精神需要,人所拥有的既非弗洛伊德所说的"求乐"意志,也非阿德勒所说的"求权"意志,而是追求意义的意志(Will to Meaning)。而不少人在患重病、遭受生活挫折、年老孤独或遇到环境剧变时,常常会感到失去了生活目标,对生活的意义感到迷惘,出现"存在挫折"或"存在空虚"的心理障碍。这样的人会表现出对生活的厌倦,悲观失望或无所适从。

意义治疗就是用来解决"存在挫折"或"存在空虚"这种问题的,帮助人们寻找、发现生命的意义。因此,意义治疗的目的是使求助者挖掘自己生命的意义,其中至关重要的是使其改变对生活的态度,保持对生命意义的追求。

意义疗法适用于"意向性神经病"——弗兰克尔把缺乏生活意义的状态称为"意向性神经病",患这种病的人的生活状态是缺失意义、缺失目的、缺乏目标。意义疗法特别适合因各种原因而出现抑郁、空虚、迷惘、绝望的求助者。除此以外,意义疗法对于存在着精神性的"存在性问题"的神经症、精神病,也有很好的疗效。在对这些病症进行治疗时,意义疗法所关心的既不是症状,也不是心理病源,而是患者的精神层面的意志。

弗兰克尔认为人的存在是由生理、心理、精神三个层面构成的,其中精神层面为人类存在的最高层面。意义疗法包括三种相互联系的基本假设:意志自由、意义意志以及生命意义。

1. 意志自由

弗兰克尔认为每个人都是自由的,但与此同时,人的自由又是有限的,人总是受到生物、心理和社会文化等多种因素的制约,在这样的情况之下,意志自由表现为人们可以选择自己的态度和立场。他反对弗洛伊德提出的"泛性决定论",否认人完全受本能、遗传或环境支配。人的心理并不完全自由,会受到很多因素影响,但弗兰克尔认为人的精神层面可以超越这些限制,人的意志可以超越这些限制。意志自由奠定了意义疗法存在的基础。弗兰克尔认为人类具有精神上的自由、态度上的自由,完全能够把握自己的命运,拥有自己独特的人生。通常在人生的紧要关头,人超越现实的精神自由就会表现出来,意志自由是瞬间体验到的。弗兰克尔指出人有选择的自由,但也需要承担选择的后果,人们有责任实现自己生命的独特意义,每个人都会面临生命意义的询问,只有用自己的生命才能回答这一问题。

2. 意义意志

弗兰克尔认为完整的人包括生理、心理和精神三个部分,其中精神部分就是人追求意义的意志,它是主动的、原发的,它是实现人生责任的基础。弗兰克尔认为人的最基本的动机不是马斯洛提出的"自我实现",而是在自己的存在中尽可能地发现更多的意义并实现更多的价值。意义意志不仅对个体的心理健康有益,而且能帮助个体摆脱痛苦和忧伤的状态。意义意志是属于精神层面的,是具有主动性的,是一种人类的基本的生活态度。寻找意义是个体生活的目标,个体的生活意义是独特的,只有达成对个体而言具有独特意义的事,才能让其产生生命意义感。

3. 生命意义

意义问题是人的本质问题,追求生命的意义是人类存在的一种基本需要,它是人类存在的本质。弗兰克尔认为生命意义具有两重性,既包括客观性,也包括主观性。一方面,意义是可以发现的,而不是谁给予的,意义本身具有现实性,它是我们无法改变的;另一方面,每个人的生命意义具有独特性,每个人不论性别、年龄、种族,都具有与生俱来的生命意义。

获得生命意义的途径

1. 创造和工作

创造和工作是与实现创造性价值相关的。人应当从自己给予生活的东西中、从自己的创造物中实现创造性价值,进而发现生命的意义。工作是发现生命意义的一个重要的途径。工作使人的特殊性在对社会的贡献中体现出来,从而使人的创造性价值得到实现,但简单的机械工作是不够的,人必须把握工作背后的意义和动机,只有这样,人才能在对工作的价值和意义的感悟中实现生命的意义。积极的、创造性的、有责任感的态度赋予工作以意义。

2. 体验意义的价值

发现生命意义的第二个途径与实现经验性价值有关,可以通过体验某种事物,如工作的本质或文化,尤其可以通过爱某件事或爱某个人,实现经验性价值,从而发现生命的意义。弗兰克尔认为,爱是深入人格核心的一种方法,它可以实现人的潜能,使个体理解自己能够成为什么,应该成为什么,从而使个体的潜能发挥出来。爱可以让人体会到强烈的责任感,能够激发人们的创造性,在爱某件事或某个人的过程中,发现生活的意义和价值。意义疗法引导人们学会并乐于接受爱,以及伴随而来的责任。

3. 对不可避免的苦难所采取的态度

与对不可避免的苦难所采取的态度对应的是态度性价值。弗兰克尔认为人对命运的选择完全取决于人的精神态度,即使面对无法抗拒的命运力量,人仍然可以选择自己的态度和立场,通过实现态度性价值,人们可以改变自己看待事物的视角,了解对于自己而言什么是最重要的,从中获得新的认识。当人们面对苦难时,重要的是人们对于苦难采取什么样的态度,用怎样的态度来承受苦难。弗兰克尔认为许多症状都是由不良的态度导致的,通过改变态度可以使这些症状得到缓解。

基本治疗技术

弗兰克尔的意义疗法有意义分析法、矛盾意向法和非反思法等具体治疗技术。意义疗法的特点是:较少回顾与较少内省,尽量不强调所有恶性循环的形成及反馈机制,将着眼点放在将来。在倾听和共感基础上尽可能让求助者认识到当下存在状态的意义,或将他们引入对未来生活意义的追寻上。

1. 意义分析法

意义分析法是主要针对神经症以及精神紧张等的一种治疗技术。弗兰克尔认为,产生于神经和自我方面的神经症,可能是由价值和意识冲突以及发现终极生命意义时遭遇挫折造成的,可以通过帮助求助者找到应投入的事业、应建立的关系和应实现的价值来医治,也就是帮助求助者分析其存在的意义,使其精神因素复苏,从而全面地认识自己和责任。

2. 矛盾意向法

矛盾意向法也叫矛盾取向法或自相矛盾意向法,主要用于强迫症、恐惧症,尤其对那些潜伏的预期性焦虑症的求助者有效。这种方法可以控制住焦虑,让人松弛、从容地应对环境,其主要思想是:当求助者出现某种心理症状时,劝解求助者不要与症状斗争,相反,采取一种让其症状得以继续下去的行为和思想,以此来消除症状。当求助者停止与症状的抗争,转而对问题情境采取一种幽默的、嘲讽的态度时,他便不再与症状结合在一起,而是从更高的位置,以一定的距离来审视自己的症状。如此便打破了恶性循环,各种症状也就随之消失了。矛盾意向法的效果表明人具有超越自我的能力,而且也具有改变自身不良状况的能力。

3. 非反思法

非反思法是意义疗法的另一种技术,主要消除过度反思、过度注意以及过度自我观察等症状。在这些病症中,求助者通常过于担心行为表现不尽如人意,由此导致扭曲的过度意向和过度反思,并将注意力集中于自我,从而阻碍了行为的正常进行。为了寻求正常的表现或快感,求助者会进一步强化过度意向和过度反思。于是,求助者便被某种恶性循环包围了。非反思法是用来应对过分反思的,有意识地抽回集中在这一症状上的注意力,取消对某一行为的强迫性关注,使求助者的预期性焦虑和注意力从行为本身或自我转移到积极的方面,转移到外部事物,转移到更有意义的事情上,使个体不再被焦虑所困扰。许多人沉浸于反思自己的问题和自己的消极情感,非反思法的目的是系统地改变我们注意的焦点。注意力的改变是导致生活中核心的意义变化的关键,求助者会发现新的生活意义,确立新的生活目的,通过参与活动,学会发现人生的目的与意义。

···

【课堂活动】

1. 你的完美人生

"完美人生"雕塑

请用一张白纸和你手边有的素材(文具、书刊、生活用品)等,加上教师提供的材料,做一个立体的"完美人生"雕塑,代表你对完美人生的定义,比如你的完美人生需要包括哪些元素、经历什么过程、在什么领域实现梦想、需要哪些条件等,或者只是直观地展示你觉得完美的人生像什么。你也可以将你欣赏的人物的图片等作为雕塑的一部分。

贴上你的"完美人生"雕塑的照片,并附上你的说明:

雕塑完成以后,师生交流各自对完美人生的看法。展览全班的作品,观察有哪些异同,对彼此有什么启发。

_____

活动完成后,分成四人小组,讨论以下问题:

至今,你的人生中最让你感到幸福的经历是什么? 请描述一下过程,并总结一下你是怎么做到的。

_____

_____

要实现你的完美人生,你觉得最重要的是什么? 为什么?

_____

_____

2. 你的人生价值

最有价值的人生

"世界上最遥远的距离,不是天涯海角,而是我在你身边,你却不知道我爱你。"这句话生动地描绘了爱恋的心情。现在,请尝试做一下文艺青年。想象你穷尽一生都在努力追寻人生的意义,想要找到什么才是"最有价值的人生"。历经人生的重重困难、坎坷起伏,最终你发现,原来"最有价值的人生"——

不是_____,而是_____。

独自思考三分钟,写下你最满意的答案,然后再与同学交流。

对你而言,人生最重要的价值是什么? 你通常如何评价事物的价值?

_____

_____

每个同学准备一张白纸。想一想:如果把自己比作一种商品,那会是什么呢? 把它画在纸上,写下名称或简单的描述。完成之后,轮流向其他同学推销

"我"这件商品,目标是尽可能以满意的交换条件把自己"卖"出去,由"买家"在另一张白纸上写下愿意付出的代价,比如金钱、物品、关心、照顾等。

活动完成之后,分成四人小组交流活动感想:

你把自己比作什么? 价值是什么? 你如何理解每个小组成员的比喻和想体现的价值?

_____

_____

你想换到什么? 结果如何? 对此,你有何感想?

_____

_____

现在的你的价值从何而来? 过去的你是如何创造出目前的价值的? 以后呢?

_____

_____

3. 实现价值

奇 迹 的 价 值

认真地思考后回答下面的问题:

(1) 如果有奇迹,你的生命即刻起可以在一天内有一个改变,你希望是什么?

_____

(2) 是什么重要的理由让你选择给自己这样的奇迹?

_____

(3) 当你期望的奇迹发生时,你的生活因此会有何改变?

_____

(4) 当奇迹及相应的改变发生后,你又会做些什么呢?

（5）在你的生活中，会有谁惊讶于你这奇迹般的改变？

（6）如果这一奇迹般的改变可以成为一个习惯，你需要多久来养成这一习惯？

（7）有哪些人、事、物可以助你养成这个习惯？

（8）如果你养成了这个习惯，哪些人、事、物可以助你维持它？

（9）如果你养成了这个习惯，你的生活会有什么不同？

（10）谁会因为你养成了这个习惯而有所获益或感到开心？

组成两人小组，交流彼此的答案。也可以用相互提问的方式，两人一组进行对话。还可以在两人小组的基础上加入第三个人，专门负责观察和记录两人的对话过程。对话完成后，观察的同学给两位对话的同学反馈：刚才两位的语气语调、表情姿态等，有什么有意思的变化，谈到哪个部分的时候，回答问题的同学有了明显的不同，以及自己从两人的谈话中受到什么样的启发，有没有相类似的经验可以分享，等等。

想一想：奇迹的价值是什么呢？

_____

_____

....

【拓展学习】

美 丽 人 生

人们对事物的"满意程度"等于"结果"与"期望"的比值，除了改善结果和降低期望，还有什么办法可以提升满意程度，从而让人觉得更幸福？除了感到愉悦、幸福，人生还要追求什么样的价值和意义？

意大利影片《美丽人生》讲述了一个关于幸福的美丽传说。

1939 年，第二次世界大战的阴云笼罩着整个意大利。影片的男主角圭多是一个看似笨拙、滑稽，但心地善良而且生性乐观的犹太青年，他对生活充满了美好的向往。他和好友菲鲁乔驾着一辆破车从乡间来到阿雷佐小镇，投奔他的叔叔，他的愿望是在小镇开一家属于自己的书店，过上与世无争的安逸生活。途经小镇郊外一座谷仓塔楼时，年轻漂亮的姑娘多拉突然从塔楼上跌落到他的怀中。原来塔楼上有个黄蜂窝，黄蜂经常骚扰人畜，多拉想为民除害，就只身去烧黄蜂窝，没想到反被黄蜂蜇伤。圭多立刻对她产生了好感，热情地为她处理伤口。为表示谢意，多拉送了一些鸡蛋给圭多，并目送这个有意思又热情的陌生青年远去。

意大利此时阴云密布，纳粹的势力在日益强大，墨索里尼推行强硬的种族政策，因圭多有犹太血统，他开书店的申请屡遭阻挠。菲鲁乔的工作也久无着落，只能送货谋生。由于生活所迫，圭多只好先在叔叔工作的饭店当服务员,他以真诚、纯朴、热情、周到的服务态度赢得了顾客们的喜爱,其中有一个喜欢猜谜语的德国医生,他对圭多聪明的头脑和真诚的态度表示喜爱和敬重。

圭多在政府部门填写开书店的申请时,无意中把一盆花砸到了官员鲁道夫的头上,鲁道夫就去追打圭多,圭多在逃跑时撞上了多拉,两人的再次邂逅燃起了圭多心中爱情的火焰。

多拉是一位教师。有一天,从罗马来的督学要到多拉的学校视察,圭多得知后,竟冒充督学来到多拉所在的学校,校长热情地接待了他。为取悦多拉,引起多拉的注意,圭多索性跳上讲台施展起喜剧才华,惹得学生开怀大笑,令校长和教师瞠目结舌。得知多拉和男友鲁道夫要去剧院看歌剧,圭多也买票前往。坐在楼下的圭多始终目不转睛地盯着楼上包厢里的多拉。

起初多拉对圭多的苦苦追求并不在意,但随着多次巧妙的邂逅,多拉对圭多逐渐产生了好感。多拉并不愿意嫁给鲁道夫,这只是母亲为了维持家族名誉而勉强多拉答应的亲事。鲁道夫一厢情愿地举办和多拉的订婚晚会。晚会正巧安排在圭多所在的饭店。圭多巧妙地向多拉表白心意,并帮助多拉摆脱了鲁道夫的纠缠,因此赢得了她的芳心。多拉不惜跟母亲闹翻,离家出走,嫁给了圭多。

婚后,好事接踵而来,圭多梦寐以求的书店开业了,他们有了一个乖巧可爱的儿子乔舒亚。圭多闲来无事时常和儿子玩游戏,儿子也像圭多一样聪明伶俐。一家人的生活幸福美满。

可好日子没过上几年,在乔舒亚五岁生日这天,纳粹分子抓走了圭多的叔叔、圭多和乔舒亚,强行把他们送往犹太人集中营。多拉和总算回心转意的乔舒亚的外祖母回到家里时,家里被翻得乱七八糟且空无一人。多拉明白了眼前所发生的一切。她虽没有犹太血统,但她坚持要求和圭多、儿子一同前往集中营。一家人都被关进了集中营,但多拉被关在女牢里,不能跟丈夫和儿子相聚。

圭多不愿意让儿子幼小的心灵从此蒙上悲惨的阴影。在惨无人道的集中营里,圭多一方面千方百计找机会和女牢里的妻子取得联系,向多拉报平安,一方面要保护和照顾幼小的乔舒亚。他告诉儿子这是在玩一场游戏，遵守游戏规则的人能够得分，得到1 000分就能获得一辆真正的坦克开回家去。天真好奇的儿子对圭多的话信以为真，他非常想要一辆真正的坦克，于是乔舒亚强忍了饥饿、恐惧、寂寞和一切恶劣的环境。圭多以游戏的方式让儿子躲过了危险，还保护着儿子天真的童心没有受到伤害。

圭多一边乐观地干着脏苦的工作，一边编造游戏的谎言。他还偶遇了当侍应时认识的德国医生，并因为医生的帮助而幸存下来。后来，其他所有的小孩都在洗澡时被杀死，而乔舒亚却因为躲避洗澡而碰巧幸存。之后，圭多让他混在德国孩子之中，告诫他不要说话，这是拿分的关键。

当解放来临之际，纳粹深夜匆忙逃离。圭多感到即将获救，便将儿子藏在一个铁柜里，千叮万嘱叫乔舒亚不要出来，称这是最后关头，只要不被找到就能获胜，否则就将前功尽弃，得不到坦克了。圭多打算趁乱去找妻子多拉，但不幸的是他被纳粹发现。当纳粹押着圭多经过乔舒亚的铁柜时，他还笑着跨大步，假装还在游戏里的样子，暗示儿子不要出来。不久，一声枪响，历经磨难的圭多惨死在德国纳粹的枪口下。

等了很久，周围安静下来，天也亮了，乔舒亚从铁柜里爬出来，站在院子里。这时，一辆真的坦克隆隆地开到他的面前，从上面下来一个美军士兵，将他抱上坦克。最后，乔舒亚母子团聚。

请观赏影片，根据影片剧情，分析男主角圭多是如何在现实面前，积极乐观地为自己和家人建立美好人生的。记录自己的观后感，然后进行师生交流：

你印象最深的片段或画面有哪些？它们带给你什么感受？

_____

_____

你觉得这部影片是悲剧还是喜剧？为什么？

_____

_____

你觉得男主角圭多的人生完美吗？他的人生意义有哪些？这对你把握自己的人生有何启发？

_____

_____

活出生命的意义

《活出生命的意义》是美籍犹太人维克多·弗兰克尔的著作,他创立的意义疗法及存在主义分析被称为继弗洛伊德的精神分析、阿德勒的个体心理学之后维也纳的第三大心理治疗学派。

《活出生命的意义》的销售量超过千万册,获选"美国最有影响力的十本图书"之一。

在探寻情绪密码的过程中,人们所追求的,不只是拥有美好的情绪而已,而是想要拥有更幸福、美好、有意义的人生。因此,当你感觉困扰、不愉快,开始怀疑人生,因生活中的挫败和挑战而感到痛苦,对人生的目标和意义感到迷茫时,请打开这本《活出生命的意义》,让弗兰克尔带领你去找到人生的真谛、生命的意义。

【课外行动】

炼狱般的痛苦一经超越,枝头绽放的将是爱与希望的花蕾。

把你觉得有效的情绪密码记录下来,制作一本随身密码本,随时给自己充电。

本课学习感悟整理

本课令我印象深刻的内容有：	学习中和学习后,我感到:
以后的学习生活中,我可以：	我有这样一些新的发现：

参考文献

葛琳卡著:《情绪四重奏》,海天出版社 2009 年 8 月版。

上海市中小学(幼儿园)课程改革委员会编:《高中生心理健康自助手册(试验本)》,上海教育出版社 2012 年 12 月版。

丹尼尔·戈尔曼著:《情商》,中信出版社 2010 年 11 月版。

王怀明编著:《组织行为学:理论与应用》,清华大学出版社 2014 年 5 月版。

桑德拉·黑贝尔斯、理查德·威沃尔二世著:《有效沟通(第 7 版)》,华夏出版社 2005 年 1 月版。

哈丽特·勒纳著:《愤怒之舞》,机械工业出版社 2017 年 3 月版。

维吉尼亚·萨提亚著:《萨提亚家庭治疗模式》,世界图书出版公司 2007 年 6 月版。

盖瑞·查普曼著:《爱的五种语言》,中国轻工业出版社 2006 年 1 月版。

芭芭拉·弗雷德里克森著:《积极情绪的力量》,中国人民大学出版社 2010 年 12 月版。

丹尼斯·格林伯格、克里斯提娜·帕蒂斯凯著:《理智胜过情感》,中国轻工业出版社 2000 年 1 月版。

盖伊·温奇著:《情绪急救》,上海社会科学院出版社 2015 年 8 月版。

江本胜著:《水知道答案》,南海出版公司 2004 年 1 月版。

马丁·塞利格曼著:《真实的幸福》,万卷出版公司 2010 年 8 月版。

保罗·斯托茨著:《AQ 逆境商数》,天津人民出版社 1998 年 8 月版。

叶斌主编:《抗逆力》,华东师范大学出版社 2011 年 11 月版。

维克多·弗兰克尔著:《活出生命的意义(珍藏版)》,华夏出版社 2015 年 4 月版。

图书在版编目（CIP）数据

情绪密码／刘希蕾编著. —上海：华东师范大学
出版社,2018
　　ISBN 978-7-5675-7967-5

　　Ⅰ.①情… Ⅱ.①刘… Ⅲ.①情绪—自我控制—高中
—教材 Ⅳ.①G444

　　中国版本图书馆 CIP 数据核字（2018）第 153473 号

情绪密码

编　　著　刘希蕾
策划组稿　王　焰
项目编辑　王国红
审读编辑　章　悬
责任校对　张　雪
装帧设计　卢晓红

出版发行　华东师范大学出版社
社　　址　上海市中山北路 3663 号　邮编 200062
网　　址　www.ecnupress.com.cn
电　　话　021-60821666　行政传真 021-62572105
客服电话　021-62865537　门市（邮购）电话 021-62869887
地　　址　上海市中山北路 3663 号华东师范大学校内先锋路口
网　　店　http://hdsdcbs.tmall.com/

印 刷 者　苏州工业园区美柯乐制版印务有限公司
开　　本　787×1092　16 开
印　　张　11.5
字　　数　163 千字
版　　次　2018 年 9 月第 1 版
印　　次　2018 年 9 月第 1 次
书　　号　ISBN 978-7-5675-7967-5/B·1141
定　　价　38.00 元

出 版 人　王　焰

（如发现本版图书有印订质量问题,请寄回本社客服中心调换或电话 021-62865537 联系）